中国精品酒庄游
CHINA BOUTIQUE WINE TOURS

 中国轻工业出版社

序言

　　葡萄酒旅游热的兴起，是一个国家经济文化高度发展的必然结果。个性化、深度游、体验经济等概念不再停留在口头上，而是变成了人们的实际行动。不管是在阳光下的葡萄园里徜徉，还是在神秘的酒窖中沉思；不管是在典雅的酒庄内漫步，还是与睿智的酿酒师对饮……总会让你找到一种久违的放松和发自内心的喜悦！

　　在过去的10年间，稳步发展的中国葡萄酒行业涌现出了许多品质超群、独具风格的葡萄酒庄。从天山脚下到渤海之滨，从大兴安岭林区到澜沧江畔，在这个迅速崛起的葡萄酒国度里，有哪些酒庄会让你心驰神往？又有哪些酒庄能让我们深深眷恋、不忍离去？

　　为了让爱好者们更方便地找到品质优越的国产葡萄酒，了解中国精品酒庄的感人故事，中国葡萄酒信息网编辑部以评选出的"金牌酒庄"和已经通过中国酒业协会"酒庄酒"商标认证的酒庄为基础，同时，把国内最具影响力和最有特色的酒庄收录进来，最终精选出了21家具有代表性的精品酒庄编辑成书，成为一本突出中国本土酒庄的旅游指南。

　　它们当中有大品牌旗下的大手笔，也有家族式的精致作品，但这都不妨碍对它们的品质佳酿和独特建筑的欣赏。它们中有的远在边陲，需经历长途旅行才能抵达；有的近在城郊，一日往返便可让心灵放飞……

　　史蒂芬·霍金说：如果生活没有了乐趣，那将是一场悲剧！

　　毫无疑问，酒庄便是一个充满乐趣的地方：
　　在这里，或沉浸在中式酒庄的安逸，或震撼于欧式酒堡的恢宏，或许是为了寻觅心仪已久的美酒，或许还能偶遇那些有趣的人……
　　去这里，既可以探寻古老的传说，也可以聆听励志的故事；既可以开怀畅饮，也可以小酌微醺……
　　来这里，既可以独自探访，也可以结伴而行；既可以做临时访客，也可以小住几日……

　　一座酒庄就是一本待开启的书，正等待着你的探寻！

二〇一八年三月二十日于烟台

目录

CATALOG
中国精品酒庄游
China Boutique
Wine Tours

山东半岛产区

张裕卡斯特酒庄
华东·百利酒庄
君顶酒庄
台依湖国际酒庄生态文化区

The Region of Shandong Peninsula

　　山东半岛是中国近代葡萄酒的摇篮，为中外葡萄酒文化积累了宝贵财富。1892年，张弼士先生在烟台创建张裕酿酒公司，开启了工业化生产的新纪元；1915年张裕可雅白兰地、红玫瑰葡萄酒、琼瑶浆（味美思）和雷司令白葡萄酒在巴拿马万国博览会上获得金质奖章和最优等奖状，把中国葡萄酒推向世界；1987年烟台又被国际葡萄与葡萄酒组织（OIV）命名为亚洲第一座也是唯一的一座"国际葡萄与葡萄酒城"。这里不仅聚集着张裕、长城、威龙等国内一线葡萄酒品牌，连世界著名的拉菲罗斯柴尔德集团也落户于此。

　　山东半岛是国内葡萄酒旅游服务开展最早、发展最成熟的产区。酒庄主要分布在烟台、青岛和威海三地，大多都毗邻城市。每逢周末或假期，人们总能看到那些徜徉在葡萄园里的游客；独特的建筑风格和静谧的环境还吸引了新婚夫妇前来拍摄婚纱照；而最美的季节莫过于葡萄成熟的时候，酒庄会组织葡萄采摘、自酿酒等趣味活动，亲手剪下一串葡萄，酿一瓶专属自己的葡萄酒，享受一下田园时光，再惬意不过了。

　　张裕卡斯特酒庄便是这样一个美丽的去处。它的文化底蕴离不开百年张裕，同时也离不开国内第一座葡萄酒文化博物馆——张裕酒文化博物馆，是它开创了中国葡萄酒旅游之先河。

　　华东·百利酒庄位于风景秀美的青岛崂山九龙坡，依山傍海，被称作中国的"鹰冠庄园"。这是一座严格按照欧洲葡萄酒庄园模式建造的酒庄，酒庄内绿色葡萄藤纵横交错，各式风格雕塑掩映其中，刻有历代文人诗词的文化长廊有2000多米，蔓延在九龙坡上，形成了一幅宛如古老欧洲酒庄的美丽画卷。

　　山东蓬莱的君顶酒庄开创了多功能高端酒庄新纪元，不仅将葡萄种植、葡萄酒生产、美食美酒品鉴等功能结合在一起，还为游客提供全方位的东方葡萄酒文化体验休闲之旅。游客在体验葡萄酒主题活动之余，还可以入住葡萄酒文化主题酒店，在葡园高尔夫球场享受挥杆的乐趣，尽享美酒、美食与休闲之乐。

　　台依湖国际酒庄生态文化区落户威海乳山台依湖畔，风景秀丽，气候宜人，是一个集生态农业、葡萄酒文化及度假庄园等功能于一体的山水风情酒庄，常年聘请法国酿酒师和酿酒顾问主持酿酒。异国情调的建筑风格、独特的海鲜美食使其成为吸引人们前去观光投资的圣地。

　　山海之间，酒乡所在。岁月正好，时光不待！

有一种旅游叫
张裕卡斯特STYLE!

There is a Tour Called Changyu Castel Style!

关于旅行，形式多种多样，
比较常见的无非是游山玩水、休闲购物和美食娱乐。
而伴随着人们对旅游的理解层次加深，
旅行不仅仅是做一个"过客"那么简单了，
更多地是追求旅行中的意义。

工业旅游？第一次听到这个词，有没有觉得很新鲜？
其实这种旅行方式在发达国家由来已久，
游客不仅增长了见识，还能体验生产制造过程中的乐趣。

作为国内高端葡萄酒企业的龙头，
烟台张裕卡斯特酒庄已成为工业旅游的典范。

你想来吗？先别急着回答，
让笔者领你看看张裕卡斯特都有什么。

酒庄志 Winery Profile

创立时间：2002年

所在地：烟台经济技术开发区

资金投入：7亿元

酒庄面积：2100亩

葡萄基地面积：2025亩

主栽品种：赤霞珠、蛇龙珠、品丽珠、霞多丽
等180多种来自世界各地的名贵葡萄

标志性建筑：酒城之窗、酒庄主楼、味美思品鉴中心、
迎宾台、沧浪小溪、醴泉湖

领略·最美的风景

这几天早起，秋意渐浓，这么凉爽舒适的天气岂能窝在家里？该出去转转啦。沿烟台开发区一路向西至北于家，就能看见坐落在烟台黄金海岸线上的张裕卡斯特酒庄啦。

首先映入眼帘的是气势恢宏的大门，然后出现了只有在童话中才有的欧式城堡，酒庄建筑设计出自法国著名建筑设计师马克·梅兰迪（MARCEL MIRANDE）先生之手，他吸取中国和欧洲的建筑精华，从外观、大堂，再到地砖、台阶都非常考究和用心，无不散发着高冷的艺术范儿，可谓中西合璧的典范。

笔者乘兴登上酒庄顶楼，烟台黄金海岸美景尽收眼底。酒庄背靠浩瀚大海，与金沙滩相伴，朝阳的光辉从天海相接处晕染。随着一轮红日的升起，整个酒庄都沐浴在日光之下。如此美景，岂能辜负！

说到葡萄酒，小伙伴们是不是立即想到国外的葡萄酒？那中国有没有富有历史底蕴的葡萄酒呢？那就是张裕啦。1892年，张弼士投资300万两白银在烟台创办了张裕酿酒公司。说起酒厂的名字，也是大有来头。"张裕"二字，使用了张弼士先生的姓氏，并加一个"裕"字，取昌裕兴隆之意，并由清朝同治、光绪皇帝的老师、户部尚书、军机大臣翁同龢亲笔题写"张裕酿酒公司"六个大字。张裕公司的创建，还被中华世纪坛青铜甬道铭记为1892年四件大事之一。

烟台张裕公司作为中国第一个工业化生产葡萄酒的企业，于1997年发行B股，成为国内同行业首家股票上市公司，质量始终是其坚定不移的信仰。为了酿造优质的葡萄酒，公司决定建造地下大酒窖。1896年，张裕第一代酿酒师巴保男爵，与首任总经理张成卿一道，酿造出了中国第一瓶葡萄酒和第一瓶白兰地。

如果说张裕公司开启了中国葡萄酒现代化酿造史，那么2011年与法国卡斯特公司打造的张裕卡斯特酒庄则让张裕跨进了酒庄酒的时代。说起法国卡斯特集团，自1949年创立至今，已经历近70年的风风雨雨。两家同样具有深厚文化底蕴的企业因为共同的做酒理念走到了一起，采用世界先进的酿造技术，确保每一瓶出自酒庄的葡萄酒品质都无可置疑。

在葡萄收获的季节，一望无垠的张裕卡斯特葡萄园，恰似一片绿色的海洋。酒庄现有葡萄园近2000亩，种植着来自世界各地的186个鲜食和酿酒葡萄品种。众所周知，法国的波尔多出产的葡萄酒享誉世界，作为与其在同一纬度的烟台，在葡萄种植条件上可谓是得天独厚，在这里，海岸带来湿润的空气，葡萄冬季不需要进行埋土作业，既节约了成本，又保证了效率，加之光照充足，构成了得天独厚的"3S"风土，堪称天赐宝地。

编者注：3S原则指的是：大海（SEA）、沙滩（SAND）、阳光（SUN），这也是国际上兴建葡萄酒庄的原则。

见证·发现之旅

　　孙中山先生曾为张裕题词"品重醴泉"，盛赞张裕葡萄酒品质极佳。这也是张裕多年来的信仰。为了获得最佳的葡萄酒品质，酒庄从法国进口了速冻机、硅藻土过滤机、气囊压榨机、错流过滤机、膜过滤机等先进设备。

　　而张裕卡斯特酒庄最为人称道的，不光是高大上的"硬件"条件，还有"软件"加持。诺贝特·比舒尼，张裕卡斯特酒庄首席酿酒师，毕业于波尔多第二大学土壤学和化学专业，曾获波尔多酿酒协会奖。出生于葡萄酒之乡的诺贝特，波尔多浓厚的葡萄酒氛围孕育了他的酿酒天赋。他将自身的法国传统酿酒技艺和烟台风土完美结合，酿造出独具风格的葡萄酒。

用来招待外宾的酒，那必定是能代表中国的好酒。张裕金奖白兰地就在1954年日内瓦会议上被用于招待国际政要，成就了"白兰地"外交的佳话。2006年，张裕与人民大会堂、钓鱼台国宾馆推出联合品牌，张裕"品重醴泉"的质量要求赢得了认可，从此张裕和国宴酒更加紧密地结合在一起了。

　　可能大多数人都憧憬一场完美的婚礼，但婚前繁杂的筹备过程，常常给新人们增添不少烦恼。婚礼地点的选择也是一大难题。当笔者看到张裕卡斯特的第一眼，就想马上领证，在这里举行婚礼。500米的葡萄长廊，伴随着空气中淡淡的葡萄酒香，令人陶醉。来到宴会厅，笔者的嘴巴成了"O"字型，如宫殿般的宴会厅，满足了笔者对于浪漫婚礼的幻想。

　　每到冬季，身边总有烟台的小伙伴在哀嚎："介个风啊……"烟台的风啊，怎么看怎么都像是磨人的小妖精。还不赶紧趁秋高气爽全家结伴出游去？参与张裕卡斯特酒庄一年一度的风情采摘节，和家人朋友畅玩葡园，还可以亲自酿造葡萄美酒，体验一下酿酒师的工作，等待酒体发酵成熟，品尝一杯专属于自己的佳酿吧。

沉迷·味蕾的诱惑

　　对于生活在海滨小城的我，几年间辗转几个城市，最后还是喜欢烟台，因为笔者知道，离开烟台，想吃个蚬蛑都是一种奢侈。张裕卡斯特酒庄的菜品可都是国宴标准，除了烟台婚宴必备的三大件，还有品种丰富、极具特色的菜品哦。酒庄内的希塔餐厅有庄园雷司令鱼排和庄园解百纳烩牛肉两种套餐可以选择，每份价格58元，与其他景区相比，笔者觉得价格是特别良心的了。此外还有什么XO蒜香龙虾仔、味美思老酒烧肉、霞多丽国宴松茸珊瑚汤、赤霞珠果木烤法式羊排、红酒炖雪梨等特色菜，赶紧来尝尝。

　　所谓"爱在烟台，难以离开"，对于吃货来说，可能更多的是食在烟台。作为鲁菜的发源地，临近大海让烟台烹饪海鲜独树一帜、特色鲜明。

蓬莱小面
　　蓬莱小面是蓬莱传统名吃，每碗的面坯为50g，卤多面少。吃小面很有讲究，要赶早，卤热汤鲜，浇在刚过水的面条上，是口味搭配的最佳时刻。

鲅鱼水饺
　　鲅鱼饺子在胶东一带很有名气。直接选用刚刚捞上岸的新鲜大鲅鱼做馅，无需加其他多余的调料，和入少许姜葱、韭菜，也可以加鸡蛋之类的，更显得香滑细腻，回味无穷啊。

烟台焖子
　　焖子是以绿豆凉粉为主料，以麻酱、虾油、蒜泥、白醋为调料制作而成的。将凉粉切成小块，用铁锅加少许油煎至略微焦黄装盘，倒入调好的麻酱、虾油、蒜泥、白醋，拌匀即可食用。

　　也许这里的味道不是世界上最好的味道，但却会是你最难忘的味道，最美不过烟台味。这样的张裕卡斯特，你想来参观么？

张裕卡斯特酒庄旅游攻略

酒庄地址: 山东烟台经济技术开发区北于家
问询电话: 0535-6949949

【游玩路线】

张裕卡斯特酒庄前院太阳广场—张裕卡斯特酒庄主体楼—地下酒窖—月亮广场—鲜食葡萄长廊—葡萄少女广场—沧浪小溪—海纳广场—醴泉湖—酒城之窗

【关于交通】

烟台交通比较发达，海陆空三种交通方式都可到达烟台。前往酒庄的交通方式很多，乘坐出租车、公交以及自驾游等，笔者比较推荐选择自驾游前往。之所以选择自驾游，一个是因为酒庄位于北京中路56号，也就是通往蓬莱的206国道上，路比较顺。第二是因为附近还有一些景点，像天马栈桥、金沙滩、37度梦幻海，在酒庄玩完以后，可以驾车再去其他景点游玩。

烟台蓬莱国际机场：

烟台蓬莱国际机场与27个国内大中城市通航；与韩国首尔、日本大阪两个国际城市直航，初步形成了贯通南北、连接西北、辐射西南、连通日韩的航线网络格局。地址：蓬莱市潮水镇空港路1号。

火 车：

烟台站位于烟台市中心（芝罘区），是蓝烟铁路的终点站，只有始发列车与终到列车。地址：烟台市芝罘区北马路128号，电话：0535-12306。

客 车：

烟台市区有烟台汽车总站、北马路汽车站、烟台港汽车站、烟台青年路汽车站等长途汽车站。其中烟台汽车总站是最主要的汽车站。烟台汽车总站是烟台最主要的长途汽车客运站。北京、上海以及周边省份的主要城市均有车直达。地址：烟台西大街86号。电话：0535-6666331。

轮 船：

水路是连通烟台与大连、长岛的主要运输方式。大连、天津、秦皇岛等环渤海湾地区均有到达烟台的水路航线。烟台有三家水运公司，均有烟台往来大连的客运轮船。

张裕酒文化博物馆
开启中国葡萄酒文化之旅
Changyu Wine Culture Museum : Start the Chinese Wine Culture Tour

张裕公司老厂区，位于烟台美丽的芝罘湾畔。
如今这里建起了一座1万多平方米的张裕酒文化博物馆，
它是中国第一家葡萄酒专业博物馆，也是张裕公司首个国家4A级旅游景区。

　　张裕大门掩映在繁茂的法桐树后，大门上方深嵌着清光绪皇帝老师翁同龢的手书——"张裕酿酒公司"。在错落有致的庭院内，分布着麒麟照壁、张弼士铜像、古井、早期金库等诸多景观。沿着青石甬道而上，抬头望去，就是由欧阳中石先生题写馆名的紫铜大门。

　　博物馆综合厅内，环绕矗立着历史浮雕、主题浮雕和现代浮雕。历史厅内，不仅有圣旨、旧海报、旧报纸、图书等大量图片及史料，还有早期制酒工具，包括锈迹斑斑的蒸馏锅、输酒泵等。字画厅展示了国内外政要、社会名流等为张裕留下的400多幅珍贵的墨迹，其中尤为珍贵的藏品有孙中山先生1912年参观张裕时题赠的"品重醴泉"，有康有为品饮张裕葡萄酒后写下的姊妹诗，还有张学良为张裕题写的"圭顿贻谋"等。

　　2014年，张弼士嫡孙张世昭先生来到山东烟台，向博物馆捐赠了17份与张裕公司早期历史相关的珍贵文物，更加丰富了博物馆馆藏。

　　博物馆最令人称奇的是有一座被称为"世界建筑奇迹"的地下大酒窖。沿着39级螺旋石梯拾级而下，浓浓的酒香迎面而来。置身其中，有"沧浪欲有诗味，酝酿才能芬芳"之感。

酒窖于1894年破土建设，建成不久后因渗水而部分坍塌。张弼士的侄子即时任总经理职位的张成卿决定使用铁梁搭建拱连，用钢砖砌墙，不料想，潮湿的地窖使得钢铁很快锈蚀，连续暴雨使洪水与海潮一起灌入，酒窖再次瓦解。两次坍塌后，张成卿采用烟台当地的大青石条块砌墙、铺底，用中国烧制的大青砖发碹构筑酒窖顶部，同时用洋灰（当时进口的白水泥）扎墙缝，抹墙面。直到1905年，大酒窖方才建成。

如今我们看到的这座酒窖总面积2666平方米，深入地下7米。令人惊奇的是，它虽然低于海平面1米多，距离大海不足百米，至今却不渗不漏，仍在使用。酒窖内有8个纵横交错的幽深拱洞，深藏着数百只橡木桶。其中还有3只被称为"亚洲桶王"，每只高3米，宽3.1米，可容纳15000升葡萄酒。

珍藏于4号拱洞的张裕百年酒窖干红是一款收藏级葡萄酒。每一瓶都有收藏编号，每年限产6万瓶。这款酒曾在奥巴马等外国元首访华时亮相国宴，见证了中华人民共和国的诸多光辉时刻。行家给了这款酒非常高的评价，多位葡萄酒大师曾赞叹，"这款酒足以代表中国葡萄酒酿造的最高水平"。如果您热爱葡萄酒收藏，一定要珍藏一瓶张裕百年酒窖干红，因为就连股神巴菲特和"世界第一CEO"杰克•韦尔奇的酒柜里都珍藏着这款酒。

古老的酒窖里有一项"穿越"体验，造访7号洞的DIY酿酒作坊，仿佛让人回到百年前的酿酒现场，挑选自己喜爱的瓶子，亲自灌装、封酒盖、贴酒标、签名、包装，制作一瓶独一无二的自酿酒，让现代人在怀旧复古中体验劳动的成就感。如今，博物馆的"市民DIY制作中心"将孙中山、张学良题词等重大历史瞬间搬上酒标，将时代的印迹深埋于美酒中，开创了中国葡萄酒个性化私藏定制的先河。人们可以饱含深情地将成长印迹、孝敬师长、纪念婚姻、铭记友情、收藏馈赠等情感图文并茂地设计于酒标之上。

这里已成为酒城烟台一道亮丽独特的文化风景。

崂山仙境
华东·百利酒庄
Laoshan Fairyland Château Huadong Parry

从明天起，做一个幸福的人
喂马，劈柴，周游世界
从明天起，关心粮食和蔬菜
我有一所房子
面朝大海，春暖花开
……
这是海子所期盼的尘世幸福，然而这并非遥不可及。
青岛崂山脚下就有这样一个田园，依山傍海、春暖花开。
这里的人们以种葡萄为乐，关心着一年四季的葡园，
酿出的美酒传颂着山海之情，
这就是华东·百利酒庄！

酒庄志 Winery Profile

创立时间：1985年
所在地：青岛崂山
资金投入：497万美元
酒庄面积：1000余亩
葡萄基地面积：2万余亩
主栽品种：薏丝琳、莎当妮、赤霞珠
（编者注：薏丝琳，也称雷司令；
莎当妮，也称霞多丽）
标志性建筑：百利塔
酒窖面积：2000平方米

仙山宝地 鹰冠庄园

华东·百利酒庄地处"海上第一仙山"的崂山宝地——南龙口佛顶山的山腰处，从山下望上去，主楼的外观非常显眼，雄伟又迷人。酒庄占地1000余亩。驱车驶进酒庄，大片的葡萄园美景、群山簇拥下的远处白色别墅建筑群让人觉得走进了欧洲贵族庭园，"中国的鹰冠庄园"由此得名。你来或者不来，华东的美就在那里，不增不减，但我要说你一定要来，因它会住在你心里，这里有一个关于人生传奇和中国梦的故事。

1985年，一位来自英国的年轻人迈克·百利(MICHAEL PARRY)在这里的九龙坡开始了他的传奇故事。毕业于世界知名学府牛津大学的百利先生酷爱葡萄酒，他在香港从事葡萄酒代理多年，然而不满足于现状的他梦想创立自己的品牌，他变卖了全部的资产，历时3年考察，走遍大江南北，选择了符合"3S"法则的九龙坡开始创建中国第一座欧式葡萄酒酒庄。这里确实是酿酒的神奇沃土，北纬37度，景色秀丽，依山傍海，沙砾土壤，独特的风土和小气候条件为酿酒葡萄创造了绝佳的生长环境。莎当妮、薏丝琳、赤霞珠、佳美等数万株共13种国际酿酒葡萄品种从此在这扎下了根。

选址、建庄、种葡萄，百利先生一切从零开始，把一个荒芜山丘建造成了中国第一座欧式葡萄酒酒庄。从查看气候数据资料、测土壤、酒庄规划建设到引进品种、购买仪器设备，百利先生事无巨细、事必躬亲，哪怕是酒庄里的一草一木。九龙潭放生池、雕塑园、品种园、百果园、文化长廊、华东大酒窖，正是创始人的这种精益求精的精神，我们今天才有幸见到这么美的高品质酒庄，在今天看来不输颜值，也更具内涵。

1989年，由于百利先生追求高品质不计成本的持续投入，在当时社会对葡萄酒认知有限的情况下，公司遭遇经营危机。百利先生宁肯出售华东股份也要保全华东品牌，从"老板"变身"打工者"，坚守在华东这片热土，不离不弃。为华东品牌呕心沥血，1991年43岁的百利先生，英年早逝。他将1/3的骨灰留在了华东百利酒庄，永远守护着华东人。

文化让美酒插上翅膀

"华"为精华，"东"，古时排序，东为序首，即第一。"华东"即为"酒中精华第一"之意。百利先生梦想能创立自己的葡萄酒品牌；梦想能酿造世界上最好的干白葡萄酒；梦想能让世界各地更多的人喝到他酿造的葡萄酒。

百利先生热爱葡萄酒事业，有远大的梦想和战略眼光。当时很多人不解地问他，何必到中国这么艰苦的地方来办企业？百利先生总是回答说，这是我的事业，在中国办事虽难一些，慢一些，但一切都会好的。结合当地风土条件，创始人百利先生提出了以种白葡萄品种，酿干白葡萄酒为主。当时的中国很封闭，国人对干白葡萄酒还不了解和认可。在全国只认甜酒的时代，他坚持做干白葡萄酒，坚守品质。

1985年建厂当年青岛遭遇9号台风，为了酿造符合国际标准的单品种产地年份酒，为了坚守品质，百利先生做出了让人惊叹的决定：不生产。所以1985年的产量为零，这在中国葡萄酒行业是第一次，只为坚守品质。

从乱石岗到酒庄，从荒山到葡萄园，从幼苗到数年后的优质果实，从默默无闻到扬名海外，百利先生用坚持和耐心呵护着这一颗中国葡萄酒种子的成长。他坚持每年引进世界级酿酒大师，并将华东酿酒师送到国外学习。1986年的中国非常封闭，作为一个外国人，即使出青岛市都要到政府部门开证明，但是百利先生又做出了一个决定：聘请世界级酿酒大师来华东酿酒，这为华东的品质奠定了坚实的基础。先后有法国、澳大利亚、美国、新西兰等国家的世界著名葡萄酒厂的酿酒和园艺专家担任公司的顾问，中方酿酒师团队也每年出国交流学习，这已成为华东32年来的优良传统。

华东创始人百利先生有着令人传颂的传奇人生。他所传递的是一种英国贵族精神：文化的教养，社会的担当，自由的灵魂，也可以说是中国的工匠精神：坚守、坚持、坚毅。百利先生用6年的时间为华东留下了永恒的财富，这些是华东人永远铭记在心的。华东葡萄酒不仅是一瓶酒，更是一个传奇、一种精神、一种品位。华东人以"打造中国干白第一品牌，引创中国干白时代"为愿景，以"让生活有品味，更有品位"为使命，坚持"以人为本，以品为魂"的价值观，以"自强不息，锐意进取"的精神扛起民族品牌崛起的大旗！

精品干白
第一庄

百利先生的中国梦就是要酿造世界上最好的干白葡萄酒；1986年底，华东葡萄酒公司第一批单品种、产地、年份的干白成功上市。1987年6月，当他得知法国波尔多举行葡萄酒国际博览会后，立即带酒前往参赛，结果第一批莎当妮干白荣膺法国波尔多世界葡萄酒博览会最高奖。这是中国第一个在国际上获奖的单品种、产地、年份的高级葡萄酒。华东干白一鸣惊人，在此后国际舞台上，华东干白成为了一面旗帜闪耀国际。华东庄园也成为我国唯一被载入《世界葡萄酒百科全书》的葡萄酒企业。世界葡萄酒第一夫人罗宾逊在《杰西斯葡萄酒大典》中盛赞华东葡萄酒，"位于山东东部的华东酒庄酿造的霞多丽白葡萄酒基本上占中国白葡萄酒产量的一半，同时也是中国最好的白葡萄酒！"华东百利酒庄也被业内评为"中国葡萄酒金牌酒庄"，华东品牌也入选"中国500最具价值品牌"榜，各项国内外荣誉接踵而来，数不胜数，从而树立了华东葡萄酒干白典范的行业地位。32年后的今天，华东莎当妮、薏丝琳成为了中国干白葡萄酒的典范，华东庄园成为了中国干白葡萄酒的代表。32年，华东庄园从一棵葡萄苗，历经1000余次的精心实验发展到近一亿人次干白葡萄酒的消费量。

为确保高品质，华东首创了"单干双臂"的葡萄栽培模式，可实现限产、优产、通风、透光、抗害，酿酒葡萄均人工采收，逐串筛选；先后从法国、德国、意大利、西班牙等国家引进了先进的酿酒设备；严格按照国际OIV酿酒标准组织生产，创新研发了庄园葡萄酒生态化生产模式；悬浮澄清工艺、动态控温发酵技术、数字化生产流程以及音乐大酒窖里的陈酿，众多国际酿酒大师与华东中方酿酒师团队一起创造了独特的融合中西技术精髓的葡萄酒酿造技术，赋予华东葡萄酒独特的个性和灵魂，缔造出了既符合国际流行葡萄酒口味，同时也更加适合中国人口味的干白葡萄酒，历经多年的实践和探索，真正实现了品质、艺术、环保完美结合的酿酒理念。

32年来，华东历经多位优秀酿酒师，孙方勋、吴利竹、邵学东、夏广丽……他（她）们为华东葡萄酒风格的确立和巩固立下了汗马功劳。华东也被誉为葡萄酒界的"黄埔军校"。而如今品质传承与创新落在新一代酿酒人史铭偊及年轻的酿酒师团队肩上。国际化视野、对品质不懈的追求、开放的心态、踏实敬业的工作作风，新一代酿酒师秉奉"自然的馈赠、技艺的坚守、典范的传承"的宗旨，将不断开创华东葡萄酒的新辉煌。2017年，华东酿酒团队同澳大利亚原黄尾袋鼠总酿酒师史蒂夫先生在酿酒工艺、创新实验、酒的管理等方面进行了深入交流，共同确定了加强酒酿造的具体执行工艺和长相思产品的风格特点，这为华东公司今后相关品类产品的开发奠定了坚实的基础。

2017年，华东葡萄酒公司迎来变革元年，总经理魏华磊开始带领华东进行战略转型之路，在确定了"干白典范"的品牌定位之后，引领生活新方式，围绕"吃海鲜、配干白"的健康饮酒、科学配餐理念进行广泛的传播和推广。同时，启动了华东百利酒庄的全面改造升级计划，打造集参观旅游、高端接待、商务会务培训、婚纱摄影及欧式婚礼、个性化定制五大功能于一体，通过欧式酒庄的深度体验，推广葡萄酒文化，普及葡萄酒知识，打造葡萄酒产业生态圈，引领时尚、品位、健康的生活方式，提升华东葡萄酒的个性化和酒庄的多功能深度体验。新开设的中国第一家干白葡萄酒特色的博物馆——"时光隧道博物馆"以及创新推出的国内首创以干白葡萄酒为主题活动的"华东干白节"，具有行业里程碑的意义。

崂山仙境/世外桃源

　　华东·百利酒庄不仅酒美，这里的美景也早已扬名在外，素有"人间世外桃源"之称！这里春夏秋冬一年四季皆是景，且各有不同！春天这里到处散发着泥土青草的气息，葡萄树嫩叶吐绿、春花烂漫、茶园飘香，到处鸟语花香；夏季葡萄在玫瑰"卫士"的守护下缓慢成长，各种水果挂满枝头，樱桃、桃子、石榴……秋季葡萄园里色彩斑斓，瓜果飘香中又迎来一年的榨季，是喜悦丰收之园；冬季参观葡萄酒文化长廊、时光隧道博物馆、音乐大酒窖，不仅能了解到酒庄历史文化故事，更能体验到葡萄酒所包含的多元文化艺术魅力。即便透过品酒室大大的落地窗，看户外黑天鹅在池里嬉戏，外加几杯美酒也能慵懒一个下午。

华东·百利酒庄的魅力就是势不可挡，到访的游客对它好评如潮！

@DUCKULA

华东·百利酒庄，醉人的葡萄酒酒庄游～位于崂山顶的中国第一座欧式葡萄酒酒庄～酒窖里橡木桶芳香袭人～在花园景致中品酒～眺望葡萄园和四周壮丽的山峦起伏～漫步于环绕的门廊～途中还遇到了孔雀和黑天鹅～

@WANG···

中国第一座国际标准的欧式葡萄酒酒庄，喜欢酒的朋友可以去参观一下，很优雅的感觉。

@DPUSER_99364812674

特意选在了这个时间段来酒庄看看，葡萄树的嫩叶也更绿了，这里到处都散发着泥土青草的气息，青青的草地，绿绿的林木，山水交错，让人忽如身处于森林般的体会。优美高贵的黑天鹅轻轻地划动着水面，湖波微荡激起一波波涟漪，阳光洒在水面，泛着闪闪金光，潭里的小鱼儿悠然自在。行走在山庄的小路都有玫瑰相伴，更能近距离欣赏到葡萄园品种，深入了解华东酒庄的理念与它对酿酒的专业与认真，而这里的酒窖的酒幸福地在音乐的浅唱中缓缓发酵，让你也会不禁沉醉其中，这个酒庄不仅有美酒，还有绿水青山，最适合约上几个好友一起爬山看景品酒聊天。

@山花鱼

有比较悠久的历史，既是旅游之地，又是葡萄酒工业区，风格很欧化，仿佛走进了欧洲小庄园！

@13973VEAECV

华东·百利酒庄景区环境优美，有异国情调，不出国门，便可欣赏到欧洲风景，值得一去！

@时尚吃货001

早上来到这个地方，感受到了什么叫作世外桃源，环境优美，空气清新，蓝天白云，鸟语花香。里面的酒桶存放得整整齐齐，还有名人签字，看得出有点文化背景，给人的感觉非常棒！在这里能够体验酒文化！能够开阔眼界！

@PAULPAUL6

华东·百利酒庄环境优美，别有意境，了解葡萄酒知识，品酒，尝葡萄，最重要的是可以远离嘈杂，体验隐世情调。

@LUCY~99

参加朋友的结婚宴会，很浪漫的地方，有点世外桃源的感觉，在一个山上，大家看照片就知道有多漂亮了。夜幕降临，婚宴开始了，中西合璧的菜品，由岩池西餐提供，全程自助，有大虾，非常大，粉丝扇贝、牛排、鲍鱼、西式沙拉非常美味，大家看菜单就知道啦。大家吃得开心，其乐融融。

来这里游玩当然要体验一下这里的美食美酒盛宴，"吃海鲜，配华东干白"说的就是华东·百利酒庄舌尖上的旅行。目前华东葡萄酒已形成精制、窖藏、金尊、珍藏四大产品系列，特推荐两款最具特色的葡萄酒。

华东·百利酒庄莎当妮2009（珍藏级）

华东·百利酒庄珍藏级莎当妮代表酒庄干白酿造最高水准，2016中国优质葡萄酒挑战赛质量金奖产品。观其色，淡青鹅黄，澄澈晶透；闻其香，如成熟的果实，沁人心脾；品其味则有似奶油般和谐绵长的感觉，是中国干白葡萄酒的典型代表。佐餐龙虾、生蚝、螃蟹等上乘海鲜，美妙绝伦。

青岛青春小格调系列葡萄酒

2016年，恰逢华东葡萄酒公司收购百年青岛葡萄酒厂十周年暨伟大祖国67年华诞，百利酒庄隆重推出的系列产品是对"青岛"百年葡萄酒品牌的传承与创新。375毫升小容量、螺旋盖包装，适宜即开即饮！青春不需要别人的说教，青春只认可自己的判断。要的就是颜值，要的就是自己的口感，要的就是自我的格调，要的就是与众不同。同一系列4款产品可自由选择！

要说这里的海鲜门类，那是数不胜数了！什么海捕大虾、会场蟹、海参、扇贝、鲍鱼、海蛎子、蛤蜊、皮皮虾及各种鱼类，菜品可根据口味定制，特色诸如葱烧海参、乳酪焗大虾、家常炖鱼、原壳鲍鱼、鲅鱼水饺、烧烤海鲜、海鲜卤面、香酥鸡，这都是让人难以抗拒的美味诱惑！

华东·百利酒庄形成了五大体验功能，不仅可开展酒庄旅游、会议接待、个性化产品定制、餐饮宴请，还可提供婚庆一条龙服务。说了那么多，如果您想组织公司团建、约好友爬山品酒聊天，想要一个田园浪漫的葡萄酒主题婚礼，是不是心中已有了答案？绿色草坪之上，酒杯摇曳，歌舞弹唱，周边看山、看水、赏葡园美景，夜幕降临后还可以数星星……如此有情调的地方，你是不是已按捺不住了？华东·百利酒庄每个季节都能打动你，来了便不虚此行！最后奉上出行小贴士。

地址：青岛市崂山区九水东路612号华东·百利酒庄

乘车路线： 直接乘坐113路公交车，南龙口站下车东行50米。也可乘车到沙子口、李村公园、沧口火车站换乘113路公交车。

自驾游： 导航搜索华东百利酒庄即可。

君顶酒庄
来东方海岸云中漫步
Château Junding: A Walk in the Clouds on East Coast

著名作家安迪·安德鲁斯曾说，"人的一生中至少要有两次冲动，
一次奋不顾身的爱情，一次说走就走的旅行。"
你还记得《云中漫步》那部在美妙田园风光中发生的爱情故事吗？
片中的葡萄园位于美国加州的纳帕山谷，
那薄雾笼罩的葡萄园宛如仙境般使人迷醉。

今天我们不谈爱情，但真有一次说走就走的旅行，
想不想来东方的葡萄酒海岸云中漫步呢？
这里有优美的海岸线，有湖畔旖旎的风光，
甚至连空气都弥漫着葡萄和葡萄酒的芬芳。
这里是一个偌大的葡萄酒庄园，骨子里透着东方的气韵。
坐落在蓬莱南王山谷中的君顶酒庄，
应该成为你人生旅行中不容错过的一站风景！

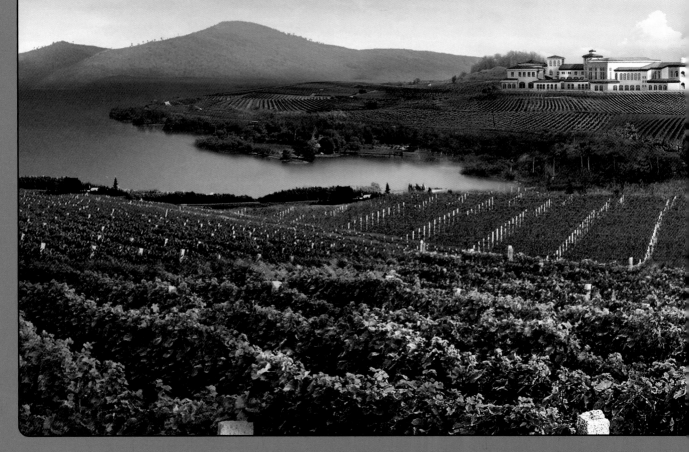

酒庄志 Winery Profile

创立时间：2007年

所在地：山东蓬莱南王山谷

资金投入：10亿元

酒庄面积：13.7平方千米

葡萄基地面积：6000亩

主栽品种：赤霞珠、西拉、美乐、霞多丽、
雷司令以及泰纳特、紫大夫、
小芒森等共40余种

标志性建筑：君顶钟楼

地下酒窖：8000平方米

"天人合一"的东方韵味

The oriental charm of "harmony between nature and human"

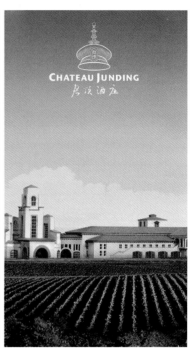

　　2004年，君顶酒庄在蓬莱正式启动兴建，项目总投资超过10亿元。法国波尔多梅多克、意大利托斯卡纳、美国加州纳帕山谷、智利卡萨布兰卡谷、澳大利亚巴罗萨谷、南非开普敦六大葡萄海岸与中国蓬莱南王山谷葡萄酒海岸是世界著名的七大葡萄酒海岸。君顶酒庄所在的南王山谷是东方唯一的葡萄酒海岸。当时随着中国加入WTO，国内外葡萄酒市场竞争日趋激烈，引发了新一轮消费升级。君顶酒庄应势而生，彰显着中国葡萄酒产业迅速崛起的东方力量。

　　作为中国最具创新意义与东方神韵的个性化葡萄酒庄，君顶酒庄可不是只有名头！你看，大门呈现的八达岭长城的建筑模样，鲜明地体现了中国文化基因。走进去，穿越一片郁郁葱葱的葡萄园，便是酒庄的标志性建筑——君顶塔楼。然而这并非一般的高塔，是由发酵车间、灌装车间、地下酒窖、葡萄酒文化交流中心、葡萄酒研发及葡萄酒主题商场等几大功能区域组成，主要进行酒庄酒的生产和葡萄酒文化的推广工作。这座象牙白色建筑，整体看上去厚重、典雅、纯朴、自然，融合了中国、意大利、西班牙建筑风格，真正做到了兼容并蓄、求同存异。

　　君顶就是以五千年华夏文明蕴涵的"天人合一"理念，兼容并蓄，求同存异，融合旧世界上千年葡萄酒的传统文化和新世界葡萄酒的现代意识。以顶级葡萄酒生产为核心，涵盖优质酿酒葡萄苗木研发和种植、葡萄酒文化推广、世界葡萄酒文化交流、葡萄酒主题休闲旅游等产业集群，所以才不愧是目前亚洲规模最大的酒庄建筑群，也是中国复合型综合酒庄的代表，创新了葡萄酒企业发展模式和商业模式，开创了中国高端葡萄酒新纪元。

　　"君顶"，蕴涵东方人生价值标准，既有君临天下的气势，又有意指君顶酒庄追求卓越、追求完美、成就极致巅峰的企业理念。LOGO主形采用皇帝的顶冠（皇冠），在设计上将其再度提升并艺术化创作，以直接的视觉语言体现出"君顶"作为东方顶级葡萄酒品牌的定位，塑造出君顶酒庄的高品质和价值感，形成具备东方文化内涵的优质品牌形象。这可不是徒有其名，其身后肩负的是众多不为人知的高标准、严要求。说到这，不禁要为它竖起大拇指了！

"海岸葡萄酒"的出身秘密

The secret of the origin of the "coastal wine"

想做顶级酒庄，可不是随便说说的事情。顶级酒庄享有的殊荣，首先归功于其独特的"风土"。法文"风土（TERROIR）"一词的词根是"土地"，不仅指葡萄种植的土壤，而是一个由土壤、气候、葡萄园所组成的生态系统。葡萄酒深深植根于土地，正是不同的产地，赋予葡萄酒不同的风格。不是所有的地方都适合种植酿酒葡萄，只有拥有得天独厚的地理条件，才能种得出优质的葡萄，酿出优质的葡萄酒。漫长的葡萄酒酿造历史中，人们发现产自海岸的葡萄酒远比一般的葡萄酒更醇和自然，有种与生俱来的优雅细致。原来，在葡萄生长季节，海岸湿润的空气、通透的沙砾土壤、和煦的阳光，赋予了海边葡萄非凡的品质。

与其他大洲一样，大自然在东方一块充满神奇的土地上，巧妙地安排了葡萄与大海的奇遇，一片符合3S法则的葡萄海岸由此而生，这就是——中国蓬莱。南王山谷凝聚了蓬莱海岸所有灵气的精华，也是君顶酒庄酿造东方美酒的灵性之地。君顶酒庄三面为凤凰湖水环绕，延绵起伏的丘陵坡地与凤凰湖形成了滋润温和的独特小气候。凤凰湖能较多地吸收太阳辐射能量，同时反射大量紫外光线，满足晚熟葡萄的成熟度和葡萄果实的着色以及品质提升。

君顶酒庄所在地南王山谷的秘密就深藏于土地中，这是可以追溯至16亿年前远古时代的地球故事。16亿年前，南王山谷还是一片寂静的史前海洋，海底火山喷薄而出的岩浆在海水中冷却凝固，经历了数亿年间的风雨侵蚀，山海演变，形成了复杂、多变的地质结构，

成就了今天这片独特的玉石土壤葡萄园。现在君顶酒庄所在的南王山谷是大理岩、石灰岩、玄武岩等岩石的混交带，土壤以沙砾石、山岭砾石、壤质砾石为主，土壤中富含天然岫玉，能够使葡萄所含矿物质更加丰富，最终增加葡萄酒的口感复杂度。

君顶酒庄有着优质的葡萄苗木和品质卓越的葡萄品种。目前君顶葡萄园种植面积达6000亩，共引进和收集国内外优良酿酒葡萄品种207个、品系237个、砧木31个，成为中国最优质的酿酒葡萄母本园。酒庄葡萄园不仅拥有赤霞珠、西拉、美乐、霞多丽、雷司令等公认的国际优良酿酒品种，还引进泰纳特、紫大夫、小芒森等国际稀缺品种，共40余种。这些从法国、意大利、德国精心引进的优良苗木种源，经过脱毒嫁接繁殖选育以后在南王山谷表现卓越，使君顶酒庄在每个年份均能酿造出稀缺且口味极具个性的葡萄酒。

君顶酒庄葡萄园全部采用现代化的数字气象及大气物理信息管理。科学的葡萄园管理方式可以通过合理的株行距与整形方式有效控制产量，减少病害发生、增加光照度从而提高葡萄质量。亩产400~500千克的限产提质手段，使得葡萄原料的整体成熟质量得到显著提高，品种的固有优良特性得到充分发挥。单干双臂和头状两种整形方式，可以通风透光、减少病害，增加光照度，提高葡萄含糖量，有效限制产量。无公害土肥管理与病虫害防治，确保原料绿色安全。原料手工采摘与精选，保证质量。

酒庄总酿酒师 邵学东 ▶

"东西相融"的技艺碰撞

　　葡萄酒有新旧世界之分，旧世界将酿酒称为艺术，新世界将酿酒视为技术。有了酿造顶级东方葡萄酒的先决条件，再加上酒庄严苛的限量限产的苗木及葡萄园管理方式，以传统方式手工精选，融合旧世界的传统工艺与新世界的现代科技，博采新旧世界众家之长，开创了世界葡萄酒"第三极"，缔造蕴含东方神韵的东方葡萄酒传奇。在生产设备上，引进意大利贝塔拉索葡萄酒灌装线、意大利帕多万葡萄酒过滤设备、法国瓦斯林葡萄除梗破碎设备等；8000平方米地下酒窖分为瓶储区和橡木桶陈酿区，极大提高了葡萄酒在瓶储和陈酿阶段的质量；葡萄酒全部采用法国或美国橡木桶陈酿。君顶酒庄更将南王山谷地产的岫玉玉石铺设于地下酒窖用于养酒，岫玉具有热容量大和辐射散热好的低温物理特性，其可以对温度和湿度进行微妙调节，使陈酿于此的葡萄酒更为细腻、平衡。

　　酒庄酿酒师精湛的技艺与激情也是"天人合一、技艺兼备、东西相融"的东方葡萄酒价值观的完美体现。总酿酒师邵学东阐释："君顶酒庄从酿造工艺上来讲，采用小型的不锈钢罐和橡木桶发酵，最后采用不同品种的葡萄进行调和，最终形成君顶酒庄高端葡萄酒，果香比较浓郁，酒体复杂多变，而且陈酿时间非常长的特点。"自建庄以来，君顶产品先后荣获布鲁塞尔国际葡萄酒大赛，国际葡萄酒、烈酒品评赛（VINALIES）和国际葡萄酒挑战赛（IWC），全球最具权威的三大国际葡萄酒品评大赛金银大奖及诸多国内殊荣，面对葡萄酒新旧两个世界，作为东方葡萄酒代表的君顶酒庄酒能在世界权威评酒大赛中胜出，成就了与世界顶级葡萄酒相媲美的东方美酒。

君顶酒庄率先开启了中国葡萄酒酒标艺术创作的先河，通过东西相融独具国际化语汇的当代艺术作品创作设计，将君顶葡萄酒的东方个性发挥到了极致。2007年君顶酒庄开庄之际，礼邀著名画家石虎、田雨霖，创新推出中国首款艺术化、个性化限量版葡萄酒"君顶元年"。此后，君顶酒庄的艺术化酒标创作一直延续，先后推出了"君顶·私享家""君顶·荣品"等艺术典藏葡萄酒。独树一帜的艺术个性化的发展之路不仅打破了葡萄酒行业内的常态，使君顶酒庄保持了独有的个性与品牌的文化价值符号，更重要的是，在传承与创新上保持了东方葡萄酒的精神与文化气质。

君顶产品目前形成了四大类30多款葡萄酒，包括君顶酒庄酒（君顶天悦、尊悦、东方系列、独角兽系列）、君顶产区酒、君顶艺术个性化系列（君顶荣品系列、君顶元年系列）和君顶小众佳酿（君顶小芒森系列、君顶容悦系列、君顶62蒸馏系列）。在此推荐几款君顶美酒，浅酌慢饮中体味东方海岸葡萄酒的独特魅力，喝出东方葡萄酒的味道！

君顶东方干白葡萄酒2015

呈淡黄微绿色，口感清新舒爽，回味宜人。再加上浓郁的柠檬香气烘托，使东方干白在嗅觉上给人带来难以忘怀的新鲜果香和怡人酒香。获《吉伯特＆盖拉德葡萄酒指南（GILBERT&GAILLARD）》法国国际葡萄酒专业权威赛事2017年金奖。此外，东方干白（2012年份）还曾获2014年中国葡萄酒大师邀请赛铜奖；东方干白（2013年份）荣获第4届WINE100中国白葡萄酒最佳性价比大奖。

君顶东方干红葡萄酒2014

色泽呈深宝石红色，带有浓郁的红色浆果香气，并伴以少许的黑胡椒和香草气息，酒体柔和圆润，细致优雅的单宁尽显平衡之美。获《吉伯特＆盖拉德葡萄酒指南（GILBERT&GAILLARD）》法国国际葡萄酒专业权威赛事2017年金奖。此外，君顶东方干红（2005年份）曾荣获2008年国际葡萄酒、烈酒品评赛（VINALIES）金奖；东方干红（2007年份）荣获2010年国际葡萄酒、烈酒品评赛（VINALIES）银奖；以及2017年第八届亚洲葡萄酒质量大赛金奖。

君顶小芒森甜白葡萄酒

在众多的酿酒葡萄品种之中，小芒森是一个比较稀有的品种，如同历经岁月考验磨砺成的一颗小珍珠，在葡萄酒世界熠熠发光。小芒森起源于法国西南部的比利牛斯-大西洋省，是酿造天然甜酒的理想品种。在中国，君顶酒庄是为数不多的引进小芒森的酒庄，并且栽种的时间最长（2005年引进，至今已经13年树龄）。

如今小芒森的表现在蓬莱君顶酒庄足以令人惊叹：酒庄通过松散果穗和严格的架势管理，来提高果实质量，所酿造的小芒森甜白葡萄酒香气浓郁宽广，包括了金银花等白色花卉以及柑橘、柠檬、杏仁等香气，其中以丰富的水果味道为主，浓度高却又十分精美，给人清爽、余味纯净的感觉，令人陶醉，入口难忘，君顶小芒森甜白葡萄酒可以放置多年，若储存时间较短则新鲜香气更突出一些。

来君顶/游蓬莱/快乐赛神仙！

君顶酒庄总裁王一涵女士介绍："君顶酒庄充分体现了人与自然的和谐交融，它是在东方天人合一的理念下，对葡萄酒精妙的提炼、融合与创新，技艺兼备体现了东西方文化的相融与均衡；东方葡萄酒不仅是带有典型的东方元素、东方性格和东方精神的高品质葡萄酒，更代表着一种以葡萄酒为主题的全新生活方式。"

提起君顶酒庄大家首先想到的一定是君顶的葡萄酒。别急，我们可先参观亚洲最大的8000平方米多功能地下酒窖、葡萄酒生产车间、东方葡萄酒文化长廊等，了解葡萄的种植、压榨、酿造到灌装以及葡萄园管理、酒庄酒生产的全过程；然后再到君顶美酒荟里参与品鉴，这里汇聚了君顶酒庄大多数葡萄酒，有以艺术著称的"君顶·元年""君顶·荣品""君顶·私享家"，也有清新甜美俘获众多女人心的"君顶小芒森"，就不知道你来了会中意哪一款？

来大名鼎鼎的君顶酒庄就要约上小伙伴们一起嗨！酒庄里春有百花，秋有硕果，赏心悦目的原生态自然景观绝对让你玩得尽兴！这里，碧海、蓝天、湖水、丘陵、葡萄园交织出了无与伦比的美景，可漫步，可骑马，可骑自行车环凤凰湖游览，可在亚洲唯一的以葡萄酒庄为主题的环湖高尔夫球场尽情挥杆，享受贵族般的生活时尚。君顶酒庄三面环水，三面皆为美丽的凤凰湖水环绕，山水相依，远处的山谷清晰可见，经常有天鹅、大雁徜徉于湖畔。笔者已经迫不及待想骑着骏马，感受庄园一天的时光变化及湖畔葡萄园美景了！

来君顶酒庄旅游，参与体验才更有意思、更难忘呢！每逢金秋九月，葡萄成熟收获的季节，这里都有盛大的葡萄酒嘉年华。不仅可以戴上草帽、拎起竹篮、拿起剪刀，穿梭在葡萄园里体验丰收喜悦，还可以化身酿酒师进行美酒DIY，任意调制自己喜欢的葡萄酒，用自己的照片做一个酒标，亲自动手贴标、打塞、封瓶，这将是旅行中最棒的礼物！

除葡萄酒之旅外，君顶酒庄还是禅修、亲子、露营、写生、婚纱摄影以及蜜月旅行的胜地！由新生代人气偶像马天宇、邓家佳、陈伟霆等领衔主演的大型都市浪漫爱情电视剧《缘来幸福》就是围绕酒庄拍摄的！君顶酒庄里的夜景也是无敌棒，绝对让你沉醉！当灯光亮起，这里的大门、钟楼、东方廊、空中花园在夜空下格外璀璨！剧中那一幕幕温馨又浪漫的画面，仿佛重现！

　　在研究中国乃至世界不同地方具有代表性菜品的基础上，君顶酒庄还结合国人口味，对中西餐进行必要的改良，形成标准化、品牌化、个性化的创新"君顶菜系"，同时搭配不同产地、不同口味的葡萄酒产品，演绎美酒美食特点，创造全新的美酒美食文化。下榻君顶葡萄园酒店一切都搞定了，这里集美酒、美食、休闲、娱乐为一体，还可不同角度欣赏湖景和葡萄园风光！这里既有蓝色海岸西餐厅，也有不同风格中餐厅，呈现出的美味绝对满足每一个挑剔的味蕾！蓬莱小海鲜搭配上君顶美酒可是让人难以抗拒哦！

　　君顶酒庄所处城市是被誉为"人间仙境"的蓬莱。要说蓬莱最富有仙气的地方，当属蓬莱阁了。这里集名胜古迹、山海风光于一体，曾是秦汉之君求仙之地，"海市蜃楼"和"八仙过海"的传说也皆源于此。此外，还可去如诗如画的长岛上吹吹海风，观观海景，享受地道的渔家乐，绝对让你流连忘返！大美君顶，大美蓬莱，就等你来啦！分享几位到访网友的心得体会：

@110069****

很好的游、玩、学的地方。参观葡萄酒制作过程，品尝美味的葡萄酒。

@M7584****

感觉很温馨，很浪漫，看着四周的葡萄园，心旷神怡，里边空气清新，清风徐徐，很惬意。

@E31294****

庄园很大，如果是葡萄成熟的季节去最好，各种优质葡萄采摘下架，工人的忙碌……满满的喜悦与幸福。酒窖的各类藏品、珍品可以认购，如大腕杨澜等人都有认购，认购后不用全部带走，也可以什么时候用什么时候取，他们提供后期保管，很贴心！

@E0351****

君顶酒庄环境设备都非常好，很多细节上很注意，很考究，很有情调的地方。可以浏览湖光山色，可以品葡萄酒。

@205967****

酒庄的环境一级棒，很有特色，有点像在电视里看到的法国的那些酒庄，看着很有范儿，美酒也很多。

@杨沐春

君顶酒庄，当骑一次快马，喝一杯陈云昌的梦想！

@1524918****

非常棒！酒庄很大，还有一个酒店，风格是西式的，葡萄园一望无际，品了两款酒，还不错！就是需要开车去，在国道边上，让人联想到云中漫步这个电影了，要是能弄个脚踩葡萄的环节，那就完美了！

@顾兆帅

在君顶酒庄，国外嘉宾品尝了君顶的雷司令、小芒森和小味儿多三款酒。国际葡萄酒组织总干事让·马里·奥兰德评价道：君顶酒庄的雷司令做得非常棒，口感清新，果香浓郁，是他品尝到的目前中国最好的干白葡萄酒，小味儿多新酒具有很大的潜力。

@DEHLINA0430

这么美的景致是在一个酒庄，君顶的环境绝对一流。旅游酒庄必须是个综合体，有优美的环境、休闲娱乐、葡萄酒教育，是一、二、三产业的综合体。经邵总指点我才知道山东竟然长木瓜，果树学教授也得不断学习啊！石榴、柿子、银杏果满树，真让人心动。

【酒庄自驾】

酒庄地址：山东蓬莱君顶大道一号

君顶酒庄位于蓬莱市区东南10千米，距著名的蓬莱阁景区13千米，西临蓬寨路，南距威乌高速10千米，距烟台市区60千米。

酒庄路线：导航搜索"君顶酒庄"，选择4A级景区目的地

1. 烟台-蓬莱观光大道（206国道），蓬莱开发区路口向南5千米。
2. 威乌高速-蓬莱/长岛出口，向北12千米。
3. 同三高速-栖霞北出口，向北25千米。

台依湖你都没来过，
还谈什么诗和远方！
The Land of Poems and Dreams

酒庄志 Winery Profile

创立时间：2010年

所在地：山东省威海乳山市夏村镇台依水库

资金投入：5.8亿元

酒庄面积：35000平米

葡萄基地面积：6500亩

主栽品种：贵人香、霞多丽、小芒森、维欧尼、马瑟兰、梅乐（编者注：梅乐，也称美乐）、
赤霞珠、小味儿多、红宝石、水晶。

标志性建筑：6号马勒酒庄、7号零零柒酒庄、8号伯格拉蒂酒庄、9号玛戈尔酒庄、
11号柏图斯酒庄、12号欧圣堡酒庄、12A号彼得堡酒庄、14号莱纳多酒庄

"这个世界不只有眼前的苟且，还有诗和远方，
你赤手空拳来到人世间，为找到那片海不顾一切……"
当许巍开口时，多少人的灵魂深处都响起了躁动的共鸣，
我的那片海到底在什么地方，我的诗和远方的田野，到底在哪个方向？

答案当然是：**威海乳山台依湖国际酒庄生态文化区！**

初见 ○ 印象

First sight / Impression

　　每个酒庄都有自己的故事，故事的存在吸引着人们好奇的目光，这些故事融入到酒庄的朝夕之中，久而久之就演变成为一种文化……我快控制不住我自个儿了，废话不多说，撒欢美景喝好酒，笔者带你畅游台依湖！

　　古人依高地而居，谓之"台依"。台依湖酒庄依托台依湖而建，漫步在山环水绕的台依湖，葡萄园扑鼻的果香令笔者放慢了脚步，恰如影片《云中漫步》里面风景秀丽的葡萄园。真想搬把椅子，在葡萄园温暖的怀抱中小憩，感受从风中吹来的酒香。在这片与法国波尔多同纬度的世界酿酒葡萄黄金生长带，得天独厚的条件注定为顶级葡萄酒酒庄而生。

　　"晴空万里花满载，葡萄满地香飘来"，这就是台依湖给笔者的第一印象，宛如梦幻欧洲小镇般神秘而浪漫，台依湖规划占地10万亩，葡萄种植9万亩，未来要建设300座风格各异的酒庄，目前已建成8座。酒庄融入葡萄的种植、酿造、休闲旅游及科普文化、采摘体验等产业链，使每个酒庄都成为相对独立的生产单元和旅游产品。同时开发五星级酒庄、风情小镇、水上运动游乐项目、商业休闲场所、葡萄科普体验园等，形成主题鲜明、格局清晰、产品丰富、环境优美的独具特色的葡萄酒主题旅游度假区。

　　"采菊东篱下，悠然见南山"，在闲暇时静静地小酌自家庄园酿的葡萄酒，聆听湖畔的鸟鸣虫叫，或许每个人的内心深处都有一个返璞归真的田园梦，台依湖酒庄董事长陈春萌也不例外。

　　其实在台依湖酒庄，有个不成文的要求——"厚道做人、厚道做事"。作为一个地道的山东人，陈春萌在多年经商过程中，始终坚持"责任"二字。对于他来说，职业道德比一点利益来得更珍贵，让消费者喝上放心酒，在他心中扎下根，发了芽。

时间来到2010年，陈春萌应邀到北京张裕爱斐堡酒庄考察，爱斐堡悠闲自在的田园生活触动了陈春萌，在他心里，希望有一方天地，打造属于自己的"酒庄酒"品牌，打造中国最大的葡萄酒旅游文化目的地。这时恰逢乳山面临产业结构调整，陈春萌抓住这个有利条件，与乳山市政府领导洽谈投资事宜，发现距离乳山只有4千米的台依湖地理环境条件最佳，不仅环境优美，视野开阔，而且全是丘陵地带，水库周围的30000亩土地很适合种葡萄。他立即做出在整个产区建设酒庄的决定。加之有前拉菲酿酒师热拉尔·高林的鼎力相助，天时地利人和的台依湖酒庄就这么建立了。

啥？酒庄不卖酒？当笔者第一次听到这个令人咋舌的理念，台依湖的神秘感又平添了几重。原来，台依湖酒庄生产的酒，只提供给自己的园主和客人。"私家葡萄园"这个概念的提出，在葡萄酒业内可谓是一项极具开创意义的大事。台依湖卖的不是酒，而是在倡导一种生活方式。以"互联网+"思维引领一种全新的生活方式。在台依湖的商业模式中，没有传统供应商，消费者购买一分葡萄园，每分地十年内每年收获60瓶酒庄酒，直接从葡萄园到餐桌，可谓是"没有中间商赚差价"的典范了。

当然，如果你足够土豪，完全可以在台依湖买下一座酒庄，这些酒庄都具备生产、住宿、餐饮、游乐、居住的功能，还有自己的酿造车间和酒窖，成为名副其实的庄主。"私家葡萄园"由专业种植技术人员管理，园主可随时到台依湖参加种植，从亲手采摘葡萄到压榨机入罐发酵，与世界酿酒大师一同品尝不同时期的变化，全程参与种酿，用心感悟一瓶高端酒庄酒的来龙去脉。真正做到自种酿、不勾兑。与此同时，每一位"私家葡萄园"园主可私人订制专属的酒标，真正做到"拥有自己的葡萄园，酿造自己的葡萄酒"。在青山绿水之间，能够拥有自己的一方田园，想想也是美美的。

浪漫 ○ 专业

— Romantic / Professional —

前面提到，台依湖酒庄为园主和庄主配备了国际顶尖葡萄酒大师和国内权威专家酿造葡萄酒，让我们一起来认识一下吧。

热拉尔·高林（GÉRARD COLIN）（1945—2017年），法国人，前拉菲（蓬莱）首席酿酒师。2014年，高林结束了与拉菲31年的合作，来到威海乳山台依湖，这一次，高林把人生最美好的绽放定格在了乳山，定格在台依湖，带领台依湖酒庄在众多国际赛事上获奖无数，让世界知道了乳山的味道。曾经有人问高林怎么样酿造出一款好酒，向他讨酿酒秘诀时，高林说到："我们是靠天吃饭，在酿造过程中，起到关键作用的是人和自然，而不是设备。酿酒需要灵感，需要感觉，要抛却我们学到的条条框框，自由发挥。"

吉尔·宝盖，世界十大酿酒顾问。吉尔先生是一位拥有35年酿酒经验的专家，毕业于波尔多大学。在担任台依湖酿酒顾问之前，还在右岸圣埃美隆和波美候多等多家知名酒庄担任酿酒顾问。吉尔先生自来到台依湖之后，"工作狂"属性便显露无疑。他的身影在实验室、车间、酒窖处处可见。经过短暂而又默契的相处，吉尔先生决定正式与台依湖酒庄签订"婚书"，担任酒庄顾问。从此以后吉尔先生"正式持证上岗"！热拉尔·高林让世界知道了乳山的味道，期待吉尔带领台依湖让世界爱上中国酿造。

华玉波，国家一级品酒师，台依湖集团有限公司副总经理，作为台依湖酿酒梯队中的重要一员，华玉波对酿酒有着自己的理解。"目前自己能达到的是力求将人生智慧与酿酒智慧相结合，将追求完美的人格品行与葡萄酒的品质融合起来，并在把握葡萄酒市场消费需求与酿造风味葡萄酒之间寻求平衡点。"赞！

带领小伙伴认识了台依湖优秀的酿酒团队，那么我们到台依湖游玩的时候，有哪些好酒值得一品呢？台依湖酿酒师华玉波给我们推荐了几款酒，我们一起来认识一下吧！

法国作为当之无愧的酿造之国，在美食与美酒的搭配上法国人早就已经研究出了很多经典的搭配方法，鹅肝配干白可谓是其中的经典了。台依湖酒庄2015年份贵人香甜白，入口浓稠、顺滑，适合搭配肥鹅肝、烤鸡等食品，浓郁又细致、优雅的迷人滋味简直无法用语言来形容！

另一推荐酒款为2015年份台依湖大师干白。这款酒荣获亚洲品醇客推荐奖和 GILBERT&GAILLARD 葡萄酒指南银奖，采用2015年霞多丽、贵人香葡萄粒选、低温发酵而成，适合搭配海鲜、蔬菜、沙拉等。

葡萄酒推荐怎么少得了酿造红葡萄酒品种之王——赤霞珠呢，给大家推荐的还有获得布鲁塞尔银奖的2015年份台依湖赤霞珠干红，这款酒是由赤霞珠、品丽珠混酿而成，单宁平衡，富有成熟红色水果香气。

值得一品的还有2016年份赤霞珠（半甜型）桃红，这款酒香气清新浓郁，酸甜平衡，余味较长。并且获得2016中国优质葡萄酒挑战赛金玫瑰奖，国内权威赛事认证，品质肯定错不了！

魅力 ○ 品味
— Charm / Taste —

　　每当微风吹起时，薰衣草田宛如深紫色的波浪起伏着，甚是美丽。在薰衣草盛开之际，拍摄一套薰衣草婚纱照无疑是浪漫之举。想拍婚纱照，何必去普罗旺斯？台依湖的薰衣草都盛开了！是的，台依湖酒庄从法国普罗旺斯引进了薰衣草进行栽培，每年6～8月，大片薰衣草园变成了紫色海洋，这里成为无数新人争相拍摄婚纱照的场地。

　　也许你住过五星酒店，但你未必住过酒香满园的葡萄酒庄园，也许你尝试过乡村民宿，但你未必体验过酒庄生活。居住在台依湖零零柒酒庄，这些都可以实现。零零柒酒庄是整个台依湖酒庄群里面积较大的几个酒庄之一，整个酒庄的建筑立面是仿照西班牙宫殿而设计的。采用一步阳台、圆拱等手法增加建筑的层次感和空间感。外立面文化石、浅色调手工抹灰墙和红陶筒瓦的使用更平添了视觉感与生态感。

　　零零柒酒庄拥有单独的酿酒车间和酒窖，并配套中餐厅、西餐厅、会议室、品鉴室、泳池、健身房、棋牌室、室外羽毛球场、影视厅、葡萄酒展厅等娱乐设施。居住在这里，美美地享受一次酒庄之旅吧。

作为一个吃货，唯美食不可辜负，在所有的美食中，笔者最爱的则是海鲜。每年九月开海之后，一大波"虾兵蟹将"重登吃货们的餐桌。在胶东地区，皮皮虾（虾爬子）可谓是海鲜扛把子，经过白灼或椒盐的皮皮虾，最大程度保持了虾肉的鲜甜，一口下去甜汁满口。此外，秋天怎么可以少了横行霸道的梭子蟹？俗语说"春吃尖秋吃圆"，鲜活的梭子蟹不需要繁复的烹煮，简简单单的清蒸就可以保留其原汁原味。

台依湖酒庄的美食，有一大独具特色的地方，就是美味的菜肴与台依湖的葡萄酒完美地搭配！不同的葡萄酒配不同的菜系，那是很有讲究的：

龙井虾仁

海鲜（河鲜）肉质细嫩，配白葡萄酒会将肉与酒的美味推到极高的境界，所以台依湖园主干白和台依湖霞多丽干白都是不错的选择。建议搭配台依湖霞多丽干白。

葱烧海参

来了山东，当然要吃鲁菜，葱烧海参是一道经典鲁菜。以水发海参和大葱为主料，海参清鲜，柔软香滑，葱段香浓，食后无余汁。建议搭配台依湖园主干白和台依湖霞多丽干白。

油焖大虾

作为鲁菜中最受欢迎的大菜之一，以其甜香鲜美争得了食客们的好评。

糟溜鱼片

用"糟"是鲁菜馆的基本功，糟，简单说就是做黄酒时剩下的渣滓而成的香糟卤，所以烹制出的鱼片，香郁鲜嫩，味美无比。

清蒸牡蛎

事实上很多人对牡蛎比较喜爱，对男性朋友而言，它可以说是滋补壮阳的食物，清蒸牡蛎也是常见的一种食用方法。清蒸最大程度地保留了牡蛎的鲜香，与台依湖干白可谓是绝配。

此外，海盗船餐厅家常菜和葡萄长廊下的海鲜大锅，还能让入园的游客充分感受到乳山寻常人家的生活。来到台依湖酒庄不仅能吃到这些美食，还能学到很多与葡萄酒有关的知识。在台依湖葡萄酒学院，由高级品酒师讲解葡萄酒礼仪，游客能够学习葡萄酒文化及品鉴知识，真是让来到此处的人们彻底地体验了一场与葡萄酒的邂逅啊！

在台依湖国际酒庄，感受一颗葡萄到一滴美酒的历程，探秘美酒的醇厚与绵长，在薰衣草花海中来一次浪漫的旅行，和心爱的人留下美好的记忆。水上高尔夫、私家游艇、浪漫天鹅湖更添雅趣。诗和远方，尚有暖阳，你要的，统统都在这里！

台依湖酒庄旅游线路建议：

南门购票入园 — 天鹅湖换乘或步行 — 亲子牧场 — 私家葡萄园体验 — 零零柒酒庄参观 — 婚庆礼堂 — 水上高尔夫 — 天鹅堡酒吧 — 海盗船 — 薰衣草花海及雕塑 — 儿童沙滩自由活动 — 返程

旅游热线：400—656—3399

自驾导航：山东省威海乳山夏村镇台依村

自驾线路：

青岛方向：青威高速-在乳山出口下，沿着世纪大道、青山路，在台依村口西行500米即到，沿途有路标。

济南方向：济青高速-（潍坊）转潍莱高速-（莱州）威乌高速-乳山收费站下-世纪大道-青山路-台依村口西行500米即到。

烟台方向：沿207省道-高陵-午极-车道-台依村口西行500米即到，沿途有路标。

威海方向：烟威高速-乳山口下-世纪大道-青山路-台依村口西行500米即到。

出行小贴士：

【威海站】

威海的地理位置决定了威海火车站是终点站，也是始发站，所以票源相对比较丰富，但在旅游旺季也会出现一票难求的情况，所以提前预定为好。

地址：威海市环翠区青岛中路

电话：0631-5928593

交通：公交车12、52、31、118路等或出租车（到市中心约20元）

【威海汽车站】

主要发往区内短途及烟台、青岛班线实行流水发车，跨省发往浙江、江苏、安徽、河南、河北、福建、湖北、山西、北京、天津、上海等，是威海市重要的交通枢纽中心和旅客集散地。

地址：威海市青岛中路136号

咨询电话：0631-5969369

交通：乘3、4、6、7、12、13、16、22、23路等公交车可到达

【威海大水泊国际机场】

威海大水泊国际机场是威海市唯一的机场，现开通北京、上海、广州、沈阳、哈尔滨、长春、延吉、成都、西安、济南等城市航线。

机场问询：0631-8641172

地址：山东省威海市文登区01县道

建议乘坐机场大巴（票价：20元）或打车前往

河北及北京产区

长城桑干酒庄

长城华夏酒庄

紫晶庄园

张裕爱斐堡国际酒庄

秦皇岛金士国际酒庄

The Region of Hebei and Beijing

北京及周边地区的葡萄酒产业得益于国家和政府的重点扶持，1955年北京酿酒厂果酒车间成为我国第一个五年计划重点工程之一。1976年，由中国食品发酵研究所和中国长城葡萄酒公司（桑干酒庄）进行"干白葡萄酒新工艺的研究"。1983年中粮集团又在河北昌黎投资成立了长城华夏酒庄，带动了当地葡萄酒产业的发展。

如今，一座座风格别致的葡萄酒庄在房山、密云和延庆等地陆续建起，成为北京周边一道亮丽风景，丰富了市民的休闲生活。延怀河谷的开发，更是把怀来和北京的葡萄酒产业联系在一起。这里，坐拥京津冀"首都经济圈"，交通便利，风景宜人，以葡萄和葡萄酒为主题的旅游活动日渐兴起。

享誉海内外的龙眼干白葡萄酒的诞生地在怀来长城桑干酒庄。"国有大事，必饮长城"，桑干酒庄承载着国宴用酒的使命，见证了国家无数的光辉时刻。桑干酒庄突破了中国酒庄模仿欧洲古典建筑的传统，采用现代的体量穿插，注重建筑的雕塑感和结构感，红砖色的外表，简约又大气，颇有博物馆的气质。

中粮长城华夏庄园位于秦皇岛市昌黎县城北，距北戴河三十公里，背靠碣石山，风景秀丽，气候怡人。到了华夏庄园一定要去酒窖看一看，这座山体地下花岗岩酒窖内，上万个橡木桶林立排列，气势恢宏，叹为观止。

坐落在官厅湖畔的紫晶庄园，是怀来产区精品酒庄的代表。这座外观低调而朴素的酒庄有着强大的内核，优质的葡萄、精致的设备还有勤奋的酿酒师造就了紫晶庄园葡萄酒的一流品质。华丽、精致的地下酒窖是紫晶庄园的彩蛋，不可不去！

张裕爱斐堡国际酒庄坐落在密云县巨各庄镇，是一座古典的中世纪欧洲古堡。春天在神秘的酒窖里灌装属于自己的葡萄酒；夏天漫步在葡萄园中感受穿越欧洲的浪漫风情，到了秋天，去见证葡萄丰收的喜悦。张裕爱斐堡，葡萄美酒正当时！

要体验葡萄酒的养生之道，一定要造访秦皇岛金士国际酒庄。在天士力大健康发展战略下，金士国际酒庄应运而生。具有现代派设计风格的外观以及酒庄内的世界葡萄酒文化壁画群，令人叫绝。酒庄的小气候还造就了马瑟兰的独特风格，品尝精品酒庄酒，金士国际酒庄是个好去处。

长城桑干酒庄
中国葡萄酒的时空坐标

Château Greatwall Sungod:
Time and Space Coordinates of Chinese Wine

长城桑干酒庄位于著名葡萄酒产区沙城的中心产地，
是集基地建设、葡萄栽培、科学研究、产品开发、规模生产于一体的葡萄酒庄园。
1987—2005年，
桑干酒庄凭借干型葡萄酒工艺研发和庄园模式及庄园葡萄酒关键技术，
两次荣获国家科技进步二等奖，
成为行业唯一代表国家级最高荣誉的酒庄，
引领着中国酒庄走向世界的脚步。

怀着一种敬重和探寻的心情，
去年的深冬，笔者走进了这座在中国葡萄酒历史上具有重要意义的酒庄。
虽是干冷萧瑟的冬日，暖阳下略微发暗的砖红色墙面却愈发厚重。
没有宏伟的大门，也没有豪华的建筑，整个庄园朴素而庄重。
园中那些高凸的埋着多年生葡萄藤的土垄，
车间里那一个个的老酒罐以及酒窖里的旧橡木桶，无不展示出酒庄的厚重历史。
甚至连路两边跟酒庄一起成长了几十年的白杨树，也在无言地向游人诉说着酒庄的年岁。

酒庄志 Winery Profile

创立时间：1979年

所在地：河北省怀来县沙城镇桑干河、洋河交汇流域东水泉村东

资金投入：3.8亿元

酒庄建筑面积：约23000平方米

葡萄基地面积：75hm²

主栽品种：雷司令、霞多丽、白玉霓、赛美蓉、白诗南、龙眼、琼瑶浆、小芒森、赤霞珠、蛇龙珠、西拉、梅鹿辄（编者注：梅鹿辄，也称美乐）、黑比诺、马瑟兰等

标志性建筑：科研中心、旅游中心、生产中心、葡萄园酒店

具有重要
历史使命的缘起

  桑干酒庄自成立之日起，就肩负着重要的历史使命。1972年尼克松访华，他在与周恩来总理亲切交谈时提到"中国很大，但缺少葡萄酒和时尚女性"，这奠定了长城葡萄酒的历史契机，也开启了桑干酒庄的历史使命。1978年，国家派出专家团为建设中国第一个国家级葡萄酒研究中心选址，经过中央五部委的联合考察，最终选择了河北沙城桑干河畔。同年酿造出中国第一瓶新工艺干型葡萄酒。随后在此基础上建立了中国较早的葡萄酒酒庄——长城桑干酒庄。

  长城桑干酒庄成立后，时刻不忘自己的历史使命，一直致力于研发、生产中国高档酒庄酒，塑造中国高端葡萄酒形象。目前，酒庄已形成以"桑干酒庄"为品牌，涵盖干白、干红、琼瑶浆天然甜白、白兰地、起泡酒等五大高档酒庄酒系列产品，并多次在国内外的各项比赛中获奖。酒庄产品定位主要面向中高端消费群体。1979年建庄至今，长城桑干酒庄一直承载着国宴用酒的使命。酒庄每年都要从葡萄园中精选质量最上乘的葡萄原料，再通过严格的技术工艺进行精心酿造，品质绝佳，5次获得布鲁塞尔葡萄酒、烈酒国际品酒赛金奖，多次作为"国礼"馈赠给世界级的贵宾。

  改革开放以来，作为中国酒庄酒的开启者，长城桑干酒庄酒成为各种国际事件中的国宴用酒，款待无数各国政要精英。1986年英国女王伊丽莎白二世访华国宴；1989年美国总统布什访华之旅；2001年法国总统希拉克中国行；2009年底国家领导人设宴款待美国总统奥巴马；2017年美国总统特朗普访华……长城桑干酒庄酒以国酒身份见证了美酒外交时刻。2008年奥运会，长城桑干酒庄酒为到访中国的各国元首、皇室政要、运动员以及媒体记者提供了巅峰美酒体验，同年，"超越2008"全球限量珍藏酒被瑞士洛桑博物馆永久收藏。2010年世博会，长城葡萄酒被指定为2010年上海世博会官方葡萄酒，桑干酒庄酒再一次向世界诠释了东方葡萄酒文明的精粹。

  近年来，长城桑干历经2008年北京奥运会、2010年上海世博会、2011年广州亚运会、2009—2017年亚洲博鳌论坛、2014APEC会议、2016年杭州G20峰会、2017年北京一带一路会议、2017年厦门金砖会议等全球政经、社会、文化领域重要活动，代表中国款待世界，筑就了

辉煌的历程

1979

葡萄酒的中国骄傲。踱步于酒庄之中，看着回廊里的伟大身影和荣耀瞬间，心中不禁感慨：长城桑干酒庄历经30多年磨砺，不仅是全球酒庄版图里的中国坐标，更成为了中国葡萄酒的图腾。它以世界瞩目的国酒尊荣，记录下中国外交史上众多辉煌时刻，见证了新中国的成长与崛起。如同一首诗所说，"你在桥上看风景，看风景的人在楼上看你"，当桑干酒庄见证无数重要时刻，也有许多人来到怀来这片土地上见证了桑干酒庄的成长。

@三山五岳开道：午后，阳光明媚，桑干酒庄。用我们的心灵感受生活，不需任何修饰，用手机"捕风捉影"，定格生活的每一天，待夕阳漫天，淡然回眸，会发现自己的流年曾经是如此地美好灿烂！

@CNR赣勇：提起"桑干"这个名词，一下就让我联想到了丁玲的作品《太阳照在桑干河上》，也让我想起了之前拜访的桑干酒庄。它位于与法国波尔多同纬度的世界酿酒葡萄黄金生长带，《马可·波罗游记》中记载的"哥萨城的葡萄园"就是今天长城桑干酒庄的所在地……

@夹克夹克：参观桑干酒庄，特有感觉，发现葡萄酒如同玉一样，文化价值远远大于其实际的价值。

科研态度
酿造中国高端葡萄酒

桑干酒庄本来就是从中国第一个葡萄酒研究中心发展而来，有着辉煌而雄厚的科研基础，这是目前国内其他葡萄酒庄所不具备的。现在这里摆放着现代化的高效液相色谱仪、气质联用色谱仪、原子吸收仪等高科技仪器。技术人员不仅在这里为酒庄的生产进行技术研发，也承担着一项项的国家级技术课题。第一瓶干白葡萄酒，第一瓶起泡葡萄酒，第一瓶酒庄酒……无数个"第一"在这里诞生。

在品种实验室，我们看到玻璃器皿中保存着园中所种植品种的标本，为了详细记录和跟踪葡萄的生长情况，工作人员对葡萄采取定点、定人、定时的全程监控，保证了葡萄的精细化成长。长城桑干酒庄葡园是国内首家进行良好农业规范（GAP）标准管理的酒庄，临近采收的每一天，酿酒师都要凭借几十年的经验，用眼观察、用舌头仔细品尝葡萄的成熟情况，再用精密的尖端化验仪器捕捉恰到好处的采收时间。

在酿造车间里，还能看到酒庄在20世纪90年代第一个引进的气囊压榨机。它静静地躺在那里，外表虽有些陈旧，我们却仿佛依然能够感受它在榨季工作的欢快与骄傲。那时候，葡萄酒生产设备远不像现在这么发达，酒厂的员工们还自己动手改造干红生产线，用于葡萄酒的实验和酿造。

走进香槟酒窖，传统的人工转瓶酒泥沉淀方式和现代机械转瓶工艺交互结合使用，传统和现代完美交融，早在1986年"国家七五星火计划"，他们就研究出了传统法起泡酒的工艺技术。2008年，100%霞多丽白中白起泡葡萄酒成为桑干酒庄向2008奥运会献上的一份大礼。

长城桑干酒庄一直严格按照国际葡萄与葡萄酒组织（OIV）的规定，遵循从葡萄种植到采摘、酿造、存储等一体化的控制流程。酒庄产品均采取严格控产，手工采摘，逐粒精选等措施，同时配合传统压榨与现代技术，细心呵护葡萄的天然成分，再经百年树龄的法国橡木桶存储，以改善葡萄酒的香气和内在结构。作为在国家大事件中宴请政商精英的经典产品，更是在精选顶级葡萄名种的基础上，经过法国橡木桶22个月的精心酿制，前后120多道工序，最后还需要酿酒师反复品评几十次之后才酿制而成。

长城桑干酒庄产品结构主推四款大单品，其中包括特别珍藏西拉干红葡萄酒、珍藏级梅鹿辄/赤霞珠干红葡萄酒、珍藏级雷司令干白葡萄酒及首席酿酒师甄酿干红葡萄酒。另外，为满足国宴等特殊需求，保留酒庄配套产品，其中包括传统法国起泡葡萄酒、琼瑶浆葡萄酒、白兰地以及限量版纪念产品，想选择高端的中国葡萄酒，桑干酒庄是不二之选。

长城桑干酒庄特别珍藏西拉干红葡萄酒

采用控温浸皮发酵，经过法国橡木桶陈酿。色泽呈深宝石红色，柔和的香草与梅子香气为主，优雅成熟的浆果香和橡木桶陈酿释放出的胡椒、烘烤香完美融合，使这款酒的口感丰满、厚重，单宁紧实、柔顺。

长城桑干酒庄珍藏级雷司令干白葡萄酒

这是一款口感清新纯正、舒顺协调、甜润甘美、层次感

强的白葡萄酒，这款酒最迷人之处便在于"先声夺人"的复杂香气，伴有桃、杏、枇杷、青苹果、西柚等水果香气，如同走入了一家水果店！

桑干酒庄葡萄酒之所以有如此高的品质，还得益于中粮酿酒师团队的高超水平。每年，全球最具影响力的葡萄酒酿酒大师、长城葡萄酒首席酿酒师米歇尔·罗兰先生都会来到中国，来到长城桑干酒庄，与长城酿酒师团队进行深入交流，针对品种选择、种植采摘、工艺技术、葡萄园管理等环节给出中肯建议。谈及为何与长城合作时，米歇尔·罗兰表示："我很早之前就与长城葡萄酒合作，长城葡萄酒强大的整体实力、风土各异又得天独厚的差异化产区、专业的酿酒师团队，都深深吸引着我。"对于桑干酒庄及其佳酿，米歇尔有很高的评价："如此动人的产区、如此高品质的葡萄酒，长城桑干酒庄已是行业翘楚，这里出产的葡萄酒令我心醉。很高兴能在

时光与风土 的完美融合

长城桑干酒庄位于沙城产区的中心地带，更巧合般地毗邻东经115度堪称"中国龙脉"的紫禁城中轴线，被喻为"龙脉上的酒庄"。酒庄拥有75公顷的葡萄种植园，依山傍水，正处于桑洋两河交汇处形成的独特小气候区内。这里生长着赤霞珠、梅鹿辄、西拉、雷司令等17个国际酿酒葡萄名种，大部分都处于30多年的黄金树龄时期。这里的土壤为泥河古化石土壤，其结构是以砾石、细沙及石灰岩为主，透气性好，热容量小，日夜温差调整快，有利于葡萄营养的生成和积累，并且含有丰富的矿物精华和微量元素，非常有利于发酵过程中多元香气的生成。太阳是酿造葡萄酒的魔术师，长城桑干酒庄地处北纬40度"黄金地带"，拥有充足的阳光和适中的热量，年日照时长高达2798小时，甚至优于波尔多地区的2069小时，这或许也是桑干酒庄标识上太阳的来历吧！产地雨水

的多少，也同样直接关系到葡萄酒品质，有酿酒师评价说："长城桑干酒庄的雨量，精准得仿佛用量杯量过。"

我们造访之时，虽然是一个冬日的下午，但当我们置身于200万年泥河古化石土壤葡萄园中，一眼望去整齐有序的水泥柱，令我们感受到土垄里葡萄藤生命流动的力量。每个人都忍不住闭目静嗅，葡萄园的春之绿色，夏之花香，秋之果味悉数现于眼前，萦于鼻翼，令人沉醉。酒庄一直坚持通过种植试验来筛选最适合这片风土的葡萄品种。同时，严格执行《良好农业规范（GAP）》种植标准，限制应用某些化学物质和化学合成物质，桑干酒庄是国内首家（2007年）通过该认证的酒庄。葡萄树架式修整也是严格依据整枝系统斜干水平架和每棵葡萄树需保留的芽苞数量及预计产量来进行。对于葡萄原料，不是取其量的最大，而是取其质的最优，亩产量控制在300千克左右。

　　酒窖是一座酒庄的文化中心，是葡萄酒实现时光与风土完美融合的绝佳之所。

　　瓶贮陈酿酒窖约2600平方米，近600吨瓶贮产品进行舒缓、幽静的成长蜕变，在漫长的生命历程中，瓶贮过程是蓄势也是酝酿阶段，是关乎酒庄产品品质的必备条件，橡木桶陈酿酒窖约5600平方米，3000多只法国著名品牌橡木桶有序排列其间，蔚为壮观，空气中弥漫着酒香与地下酒窖独有的温润湿气，我仿佛能够聆听到里面时光流逝的声响，一种敬畏之情油然而生，不敢走得太深太近，生怕惊扰了那些美酒佳酿的美梦。

　　从酒窖出来，当大门被关上的那一霎那，我们也仿佛从时光隧道中回到了现实，把那段并不属于我们的时光，留给了那一桶桶凝聚着日月精华的长城佳酿……

桑干酒庄周边旅游指南

/住宿/ 距离酒庄5千米左右有全国著名的温泉度假聚集区，水质优良，水温普遍在70℃左右；有怡馨园温泉酒店、地幔温泉酒店、大唐温泉酒店；酒庄西北25公里左右有全国保存得最为完整的古驿站——鸡鸣驿站；酒庄下游的官厅湖水库是北京最大备用水源地，官厅湖的鱼特别有名；天漠公园位于怀来县东花园西南部的龙宝山，占地近500亩；怀来黄龙山庄旅游区，作为一处原始的自然景区，位于河北省怀来县新保安镇境内的于洪寺村，东临北京，西接晋蒙，是怀来县唯一的AAAA级国家景区。

/交通指南/ 怀来县沙城铁路四通八达，直通北京的高铁预计2019年贯通；G6京藏高速、G7张石高速、国道110在此经过。

/北京至长城桑干酒庄路线/

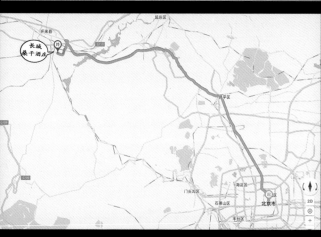
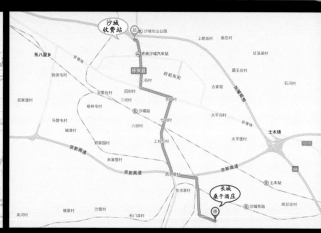

线路一：

1、由北京市区行至G6高速清河收费站；

2、沿G6京藏高速出京方向行驶；

3、106千米处，S241/沙城/赤城出口下高速；

4、出沙城收费站沿匝道行驶210米，朝沙城方向，右转进入长城北路；

5、在长城北路第二个红绿灯处左转进入府前街；

6、沿府前街行驶1.8千米，右转进入新兴北路；

7、沿新兴北路行驶1.0千米，直行进入新兴南路；

8、沿新兴南路行驶1.7千米，直行进入S241；

9、沿S241行驶2.1千米，到达东水泉村口（右侧有桑干酒庄大广告牌），左前方转弯；

10、直行1.3千米后过桥洞右转；

11、直行2.7千米后到达长城桑干酒庄。

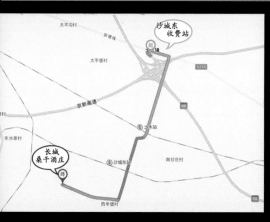

线路二：

1、德胜门上京藏高速（G6高速）行驶至95千米处；

2、下涿鹿/延庆/G110出口；

3、在第一个岔路口靠右，选择延庆/G110方向；

4、在第二个岔路口靠左，选择G110方向；

5、沙城东（土木出口）收费站直行200米右转（参考路牌：北京方向）；

6、直行500米后，沿最右侧（辅路）继续前行；

7、直行200米路口右转（参考路牌：长城桑干酒庄）；

8、沿水泥路直行5千米右转（参考路牌：长城桑干酒庄）；

9、直行2千米，到达长城桑干酒庄。

长城华夏酒庄
器大声闳 志高意远

Château Greatwall Huaxia : Confidence and Ambition

长城华夏酒庄位于著名的"中国干红城"之称的河北秦皇岛昌黎。
笔者到访时虽正值隆冬，却抵不住一颗火热的心，
迫切地想要见识一下这座拥有传奇历史的酒庄。
驱车到达的时候，
冬天带给北方的那种冰封万物、秃枝荒草的情景首先映入眼帘。
远处的晾甲山虽没有碣石的巍峨，五峰的挺拔，
但它却有自己的峻美、淳朴，颇有小家碧玉般的韵味。
我们一行便猜测山下的华夏酒庄必定也是田园式的，
随后的游览印证了这一点。

酒庄志 Winery Profile

创立时间：1988年

所在地：河北省昌黎县城关华夏路西侧

当年投资：700万元

酒庄面积：1200亩

葡萄基地面积：30000亩

主栽品种：赤霞珠、霞多丽、西拉、梅鹿辄、品丽珠、蛇龙珠等

标志性建筑：亚洲大酒窖

酒窖：20000余平方米

历经风雨　造就世界传奇

　　在酒庄内，眼前一望无际的葡萄园、现代化的建筑，我们根本想象不到三十年前这里只是一片荒无人烟的山坡。现如今华夏酒庄具有汇聚全球酿酒名种的万亩葡萄园、先进酿酒工艺和气势恢宏的花岗岩地下酒窖，令人惊叹于它雄厚的实力，也愈加想要了解它的种种事迹。一位热情的大姐接待了我们，在她的解说下，华夏酒庄的发展史向我们慢慢展开。

　　1979年，当时担任昌黎果酒厂技术副厂长的严升杰先生带领工程技术指导小组，与曾获得国际葡萄与葡萄酒组织（OIV）金质奖章的"中国葡萄酒泰斗"——时届花甲之龄的郭其昌高级工程师一道，承担了原轻工业部重大科研项目"葡萄酒新技术工业性试验"。他们历经四年的苦心孤诣，在一穷二白的的条件下，相继完成了从葡萄品种选育、葡萄基地建设到酿酒专业设备制造、酿酒工艺、质量控制以及检验方法等22个课题，于1983年攻克这一国家重大项目，成功酿造出"北戴河"牌干红葡萄酒。从此，符合国际标准的"华夏"干红葡萄酒在昌黎诞生，开创了中国葡萄酒发展的新征程。

　　以这项国家级技术成果为奠基石，华夏酒庄于1988年正式成立，中国第一家专业生产干红葡萄酒的企业从此诞生。起步伊始，创建者们便把目光投向了国际葡萄酿酒标准，以OIV制订的酿酒法规为生产依据，与国际接轨。1989年，华夏干红葡萄酒，在法国第二十九届国际评酒会上一举夺得特别奖，一时轰动国际，传为业内佳话。

　　新生的事物总要经历风雨才能茁壮成长，当时刚成立的华夏便是如此。20世纪80年代末，中国正徘徊于计划经济能否迈向市场经济的十字路口。这种经营环境使得以国际化、市场化为目标的华夏举步维艰——一座被圈定为厂址的46亩荒山坡、19名员工、尚未全部到位的700万元总投资便是华夏的全部家当了；中国的市场上以半汁酒为主，华夏的产品完全被孤立，只能靠出口到法国、日本、美国等国家勉强生存。就是在这种环境下，华夏人靠着艰苦奋斗的精神，引进大批国际酿酒葡萄名种建立万亩葡萄园，分八期建立起亚洲最大的地下花岗岩酒窖……短短八年，一座现代化的酿酒工业园区拔地而起。随后的1996-2006年是华夏的十年黄金期，年产销量平均递增30%，创下了业界传奇。期间，中粮集团斥资收购了华夏全部股份，1999年华夏成为了中粮集团的全资子公司。

漫步酒庄 尽享田园风光

了解了华夏长城的一段传奇历史，华夏酒庄之旅也正式开始了。最先进入的就是酒庄的展示厅，厅内整体布局令人赏心悦目，左侧布置成小桥流水的景色，葡萄藤缠绕其间，时间仿佛永远定格在夏天；右侧则是一面"全球举杯，共饮长城"的展示墙，一幅由葡萄叶组成的世界地图勾勒出了中粮长城葡萄酒事业的全球布局。从第一瓶符合国际标准的葡萄酒诞生伊始，30年间，长城葡萄酒以国宴荣耀为"中国酿造"代言，从北京奥运到APEC会议，中国在全球影响力与日俱增，华夏长城也随之在诸多盛事中与有荣焉，代表中国款待世界。

正中的"华夏长城"四个俊逸舒畅的大红毛笔字体围绕着LOGO图案标志，十分醒目；而正下方正是酒庄的标志性建筑——亚洲大酒窖的模型，单看模型就已然对酒窖心驰神往。经过华夏葡萄园，便是亚洲大酒窖。穿过华夏第一任总经理严升杰先生手书的"亚洲大酒窖"门匾，便开始正式领略酒窖的风采。走进去一小段路，一座玻璃打造的圆形酒窖便进入眼帘，里面陈列着六千多个橡木桶，如同兵马俑一般，气势恢宏。

随着山势向上，我们穿过曲曲折折的拱形花岗岩通道，就见到了十栋拱形大酒窖，一万六千多个橡木桶陈储其间，一眼望不到头。我们沿途经过了葡萄酒文化展览室、华夏酒庄展览室、品酒室、"回家"室。"回家"是一座华夏酒庄创业纪念馆，里面陈列着当初1988年建厂时的办公室用具，老式柜台桌、椅子等。带领我们参观的工作人员告诉我们，建造这座"回家"室，是希望每位员工牢牢记住创业时的艰辛，珍惜眼前，不断追求卓越；同时希望来参观游览的游客能够感受到家的温暖。在与酒庄工作人员的对话中，可以看出他们对身为华夏长城员工的深深自豪感，多次自豪地说起酒庄成长过程中形成的艰苦奋斗的精神，看来这种精神已经深入到每一个华夏长城人的骨子里。

亚洲大酒窖

　　走出酒窖，1200多亩的第八批国家酿酒葡萄综合标准化示范区映入眼帘。葡萄园旁是风光秀丽的晾甲湖，一座对称的"会"字形拱桥跨越湖面，十分漂亮。放目远眺，不仅看到起起伏伏的山坡和葡萄园，还看到一座写有"华夏酒庄"金色大字的烽火台建筑，平添一抹厚重的历史色彩。如果是临近傍晚造访这里，日暮西斜，金色的阳光照在稀稀疏疏的树和成片的葡萄园上，一幅恬淡与宁静的田园景色便展现在世人面前，让人很容易联想起陶渊明《归去来兮辞》中所描绘的样子，"木欣欣以向荣，泉涓涓而始流，善万物之得时，感吾生之行休"，此间逍遥，此间逍遥！

　　近年来，华夏酒庄多次承担重要政务接待，接待过中组部科学家、全国政协代表及省部级领导数千人，他们参观完华夏庄园后，都情不自禁竖起大拇指并感叹，真可谓"黄山归来不看岳，华夏归来不问酒"啊。华夏归来不问酒，如此高度的评价也让我们好奇华夏酒庄的葡萄酒到底如何，如今酒庄产品分为酒庄系列和传统系列，每款都各具特色，且容我们剧透一番！酒庄内还有一流大厨，烹饪着一手地道的河北菜肴，华夏菜邂逅华夏酒，相得益彰。

华夏酒庄2010干红葡萄酒

　　精选酒庄葡萄园坡地优质赤霞珠葡萄为原料，经三级人工分选，柔性工艺酿造，经法国橡木桶陈酿9个月，瓶储6个月以上。酒体呈深宝石红色，具有黑醋栗香和烘烤香，香气浓郁、协调，入口圆润，酒体细腻、醇厚，回味悠长，极具地域特色，典型性强。

特色菜搭配：自制风干肠、铁板黑椒牛柳

华夏酒庄2008干红葡萄酒

　　甄选酒庄葡萄园坡地20年以上树龄优质赤霞珠葡萄，经严格三级人工精选，法国百年橡木桶发酵，中西合璧重力酿造与柔性酿造工艺有机结合，法国百年树龄橡木桶陈酿18个月，瓶储6个月以上。酒体呈深宝石红色，带黑醋栗、奶油和巧克力香，香气浓郁、协调，优雅怡悦。入口圆润，酒体醇厚，单宁细腻，结构感强，酒体平衡，余味悠长，极具地域特色和典型性。

特色菜搭配：庄园熏猪手、四味小炒

华夏A区干红葡萄酒

　　华夏葡萄园核心小产区——A区，始建于1986年，地处北纬40°酿酒葡萄生长黄金带，充足的阳光，干燥舒爽的气候，透气的砂质土壤，适量的雨水，保证了葡萄的含糖量、糖酸比、风味物质等指标均达到酿制顶级葡萄酒的标准。色泽呈深宝石红色，具有浓郁的品种香气、兼有紫罗兰花香和橡木桶带来的巧克力香气，单宁软化入口如丝绒般细腻，醇厚丰满，风格典型独特，具收藏价值。

特色菜搭配：土豆咖喱烧牛腩

|严管葡萄园|
种出滴滴佳酿

从酒窖出来后,我们就到了刚来时远眺过的葡萄园和烽火台下,园子里的葡萄在11月底已经埋土了,一眼望去,唯有褐红的土块和整齐的石杆遍满山野,虽不似夏天生机勃勃,却也使人眼界开阔,心旷神怡。我们沿着葡萄园旁边的观光走廊边走边聊,工作人员告诉我们,这里的华夏葡萄园主要有"企业+农户+基地"和农村合作社两种模式,使企业和农户共生共荣,规范葡萄园的国际名种葡萄的栽培模式,严格执行AA级绿色食品葡萄园种植技术要求及操作规程;另外在葡萄园的管理上有自己独到的一面,坚持"统一规划、统一技术、统一植保、统一收购"的"四个统一"管理模式,将华夏葡萄园打造为种植模式国际化的"国际酿酒葡萄示范园"。

支撑起长城葡萄酒庞大的国内外市场需求的是广阔的优质葡萄园。华夏酒庄在昌黎一带就有3万亩葡萄园,分布在三县一区。华夏长城专门针对高档酒的酿造,建立了自己的试验园,大约600多亩,从国外引进许多品种进行试验,根据试验结果将适应性强的品种推广。另外对5000亩葡萄园进行严密控制,这些葡萄园是经过十几年观察,挑出葡萄质量好的园子,用于酿制高档酒。OIV前主席REINER WITTKOWSKI考察华夏时曾赞叹"这里的酒一品就知道是用传统方法酿造的,香气层次分明,酒体丰满。"依托优质的葡萄园,现在酒庄的主要产品有长城华夏系列干红葡萄酒,以"华夏葡萄园A区、B区"为代表的高档产区酒,赤霞珠、西拉、霞多丽为首的单品种酒,陈酿系列珍藏酒,天赋系列干红葡萄酒、华夏酒庄酒等系列产品。长城品牌葡萄酒的目标消费人群涵盖各个阶层,在国内一二线城市广受欢迎,销售额逐年上升,这一点在酒庄内来来往往的运输大卡车身上可见一斑。

正所谓:"廿四韶光追赶超,馥郁芬芳一杯酒。长城品牌永不倒,华夏美酒醉寰宇!"相信作为中国葡萄酒业界的开拓者,长城华夏能够如同一杯美酒,随着历史的发展,愈来愈醇厚芬芳!

酒庄大事记：

1989年，符合国际标准的"华夏"干红葡萄酒正式诞生

1989年，"华夏"干红葡萄酒获法国第29届国际评酒会特别奖

1990年，"华夏"干红葡萄酒获法国巴黎第14届国际食品博览会金奖

1991年，华夏承担原国家科学技术委员会"七五"全国星火计划项目并荣获博览会金奖

1992年，华夏产品获香港国际食品博览会金奖

1994年，华夏产品获比利时布鲁塞尔国际葡萄酒选拔赛大奖（干白）

1996年，华夏获原国家技术监督局授予"采用国际标准产品标志"证书

1996年，长城华夏酒庄成为国内葡萄酒行业首家通过"绿色食品认证"企业

1997年，华夏长城被原国家商检局评为"中国出口名牌产品"

2001年，荣获第四届北京希尔顿国际葡萄酒与食品展示会"国内红酒第一名""国内白酒第二名"

2004年，长城华夏酒庄被原国家旅游局评定为首批"全国工业旅游示范点"

2004年，华夏葡萄园A区干红荣获第五届中国国际葡萄酒及烈酒评酒会特别金奖

2005年，华夏葡萄园B区干红荣获伦敦国际评酒会特别金奖

2008年，长城华夏酒庄建成"奥运冠军酒窖"，其面积600平方米，内存400只橡木桶

2009年，长城华夏酒庄被原国家旅游局授予"国家AAAA级旅游景区"

2010年，长城华夏酒庄产品荣获比利时布鲁塞尔国际评酒会金奖

2011年，长城华夏酒庄被国家八部委评为"农业产业化国家级重点龙头企业"

2013年，长城华夏酒庄产品荣获伦敦国际挑战赛银奖

2015年，长城华夏酒庄荣获中华人民共和国商务部颁发的"中国质量诚信企业"称号

2016年，长城华夏酒庄荣获"国家酿酒葡萄综合标准化示范区"称号

华夏酒庄旅游指南

长城华夏酒庄坐落于被誉为"中国酿酒葡萄之乡"和"中国干红葡萄酒城"之称的美丽滨海小城——河北省秦皇岛市昌黎县，北纬40°的自然条件与法国葡萄酒产地波尔多极为相似，北依碣石山，南傍黄金海岸，为海洋性气候，四季分明，日照时间长，昼夜温差大，降雨量适中，无霜期长，优越的地理位置、独特的地貌特征、特殊的沙质土壤是葡萄生长的乐园，地处京津唐经济区、东北经济区、环渤海经济区三大经济区交汇处，可谓山雄水美、物华天宝、人杰地灵。距京沈高速公路抚宁出口20千米，距沿海高速出口9.2千米，距北戴河机场15千米，交通便利。东临避暑胜地北戴河30千米，南依中国最美的八大海岸之一黄金海岸仅10千米，山环海抱，天高云淡，风景秀丽，气候怡人，游人在这里坐享无限风光。

I.周边景区

A.渔岛，位于"大海与沙漠的吻痕"，中国最美的八大海岸之一——昌黎黄金海岸的中部，居国家级海洋类自然保护区中心位置。因其盛产鱼虾参贝，以鱼为主，故名"渔岛"，是秦皇岛冀弘水产养殖观光有限公司为谋求渔业与旅游业的结合，充分利用得天独厚的自然资源，于2008年创建的一处生态型综合性景区。

B.昌黎国际滑沙活动中心坐落于被誉为中国最美的八大海岸之一的黄金海岸，距离旅游胜地北戴河37.5千米，昌黎县城20千米，距京沈高速昌黎出入口仅10千米，交通便捷，沟通南北，在海潮季风的作用下，沿海岸形成了世所罕见的巨大沙丘。高度达30～40米。

在1986年，利用天然的高大沙丘，效仿非洲纳米比亚沿海的一种运动项目，受滑雪运动的启迪，创造出这新鲜有趣的天然滑沙项目，这是中国乃至世界第一家开发滑沙旅游项目的单位，所以，国际滑沙活动中心又被称为"天下第一滑"。

2.周边住宿情况

A.昌黎大厦金岛商务酒店是一家按四星级标准建设的涉外商务饭店，坐落在山青水秀、素有花果之乡美誉的河北省秦皇岛市昌黎县，占地1.35万平方米，是集餐饮、住宿、洗浴、娱乐、健身、商务洽谈、服装百货为一体的涉外商务酒店，是商务和旅游度假的理想下榻之处。金岛商务酒店拥有绿色餐饮，正宗新派粤菜、川菜、地方风味菜，承办婚宴、各种类型宴会，同时容纳千余人用餐。金岛商务酒店拥有客房122间，设卫星电视、中央空调，所有房间免费宽带上网。娱乐设备有洗浴中心、棋牌室、台球室、健身房，是休闲健身的最佳场所。酒店共设六个可容纳30～600人不同类型专用会场，配置音响、投影仪和专业扩音设备，金岛商务酒店是商务会议的最佳选择。

B.中技黄金海岸度假村系中国通用技术集团所属中国技术进出口总公司独资兴建的三星级假日酒店。地处秦皇岛黄金海岸旅游区，建筑面积1.6万平方米。这里是避暑、旅游、度假、商务的理想去处。拥有典雅气派的欧式建筑、清静幽雅的园林式庭院、富有异国风情的专用豪华海滨浴场。外国游客曾评价这里可与法国尼斯相媲美。

3.交通情况

**导航搜索"华夏酿酒有限公司"，
选择"秦皇岛市昌黎县昌抚公路西侧"位置**

A.飞机：北戴河机场位于昌黎县龙家店镇晒甲坨村，距秦皇岛市区47千米，距北戴河34千米，距长城华夏酒庄15千米。

B.火车：昌黎站、北戴河站、秦皇岛站；详见列车时刻表（北京至东北方向、天津至东北方向、石家庄至东北方向、上海至东北方向等均可抵达秦皇岛、北戴河、昌黎）。

C.高速：沿海高速昌黎东出口，下高速西行5千米右转，向北行驶经四个红绿灯后继续行驶500米，路西到达华夏酒庄；京沈高速抚宁出口，下高速向南行驶20千米后，路西到达华夏酒庄。距京沈高速公路抚宁出口20千米，距沿海高速公路出口9.2千米，东临避暑胜地北戴河30千米。

故事好听酒好喝
原来你是这样的紫晶庄园！

Château Amethyst Manor：Good Story,Good Wines,So It Is!

河北怀来的历史可以追溯至原始社会的末期，
北方部落曾在这里活动频繁，
一度是中原人与少数民族的兵争之地，唐代起就被称为"北门锁钥"。
历史烟云散尽，金戈铁马何在？
怀来，这座历史上的名城如今已换了一副新面孔，
曾经杀伐无数的战场早已变成美丽的"中国葡萄之乡"
——路边随处可见的葡萄园，大大小小的酒庄、酒堡分布林立。
怀来紧邻北京，京张高速直通路程仅需40分钟。
位于怀来瑞云观乡的紫晶庄园距举世闻名的八达岭长城仅18千米，
这里的酒庄旅游已经成为许多都市人休闲度假的选择之一，
而紫晶庄园更是以设备先进、酒品俱佳、酒窖环境优美在产区崭露头角，
吸引了众多远道而来的仰慕者。

酒庄志 Winery Profile

创立时间：2008年

所在地：河北怀来

资金投入：1050万美元

酒庄面积：38222平方米

葡萄基地面积：600亩

主栽品种：霞多丽、马瑟兰、赤霞珠、
美乐、品丽珠、雷司令、小芒森

标志性建筑：地下酒窖

酒窖面积：4000平方米

风水宝地藏"紫晶"

酒庄庄主 马树森 ▶

在葡萄酒的世界里，无论是传统的法国还是创新的美国，无论是冷凉的德国还是炎热的澳洲，无论是爱琴海畔意大利还是潘帕斯高原阿根廷，这些举世闻名的葡萄酒产区无一例外都讲究"风土"（TERROIR）。大部分葡萄酒参考书对风土都有简要的介绍，风土可简单地理解为葡萄树生长环境的总和，包括土壤类型、地形、地理位置、光照条件、降水量、昼夜温差和微生物环境等一切影响葡萄酒风格的自然因素。总而言之，葡萄园风土是决定酿酒葡萄质量的先天性条件，没有得天独厚的风土，就没有倾国倾城的美酒。好风土就有好葡萄酒，这几乎是葡萄酒世界里的不二真理。以下关于紫晶庄园所在产区的介绍里知识点满满，请注意签收！

紫晶庄园所在的延怀谷地位于蒙古高原到华北平原的过渡地带，燕山余脉和蜿蜒的古长城横亘此处。盆地西起鸡鸣山，东至军都山八达岭。境内连绵几十公里古河流冲积土壤，数层石灰石、火山砾石与沙壤土交错，透气透水性良好，含有丰富的矿物质。南北群山起伏，层峦叠嶂，中部河谷平川，两山夹一湖形成了特殊的V形盆地。海拔572米，无霜期189天，年积温1816.8℃，年降水量360～380mm，昼夜温差大于15℃。土壤、光照、温度、降水等各项自然条件刚好与优质酿酒葡萄生长所需相吻合。

2008年，满腔民族情怀的海归商人马树森来到这里，承包荒山，种植葡萄，创建酒庄，在这片风水宝地里挖出了"紫晶"，并花费了近十年的时间将它细细打磨。他不断地投入，生生把一个亿砸进了这片土地，建起了一个如瑰宝般的紫晶庄园。一开始人们都觉得老马疯了，但现在这些人都成了紫晶庄园的拥趸，感动他们的并不是老马在这里投了多少钱，而是老马一心要酿出中国高品质葡萄酒的执念。

老马是20世纪50年代生人，时代在老马的心里种下了理想主义、英雄主义的种子。20世纪90年代老马在匈牙利做贸易顺风顺水，赚了钱的他总想着回报祖国，在国内投资发展，年纪大时也有归根之处。在欧洲那些年，老马对葡萄酒有了一定的了解和认识，但了解越深老马心里越不是滋味——中国葡萄酒与欧洲葡萄酒的差距太大了。"我们为什么要比别人差"，老马的脾气执拗，有一股子不服输的精神，打那开始便萌生了回国建酒庄的想法。

▲ 酒庄酿酒师 IGNAC RUPPERT

▲ 酒庄酿酒师 王柱

初心不改 十年磨一剑

创业永远不是一帆风顺，老马在追求好酒的路上披荆斩棘，也走了不少弯路。

当年在怀来投资建酒庄，老马最初计划着建一个年产三五百吨精品酒的小酒庄，

但当年政策却鼓励建大厂：低于3000吨产能的酒庄不能批准。

酒庄建好了，老马还是不开心，"这跟我当初设想的'酒庄'距离有点大。"

以至于酒庄里不少大型发酵罐至今也没用过。

如此巨大的产量，品质必然难以做到精益求精，品质不好，销路也难以打开……这种恶性循环在中国许多中小酒厂都很普遍。为了摆脱困境，老马选择了坚持初心：做高品质的酒庄酒！在老马的带领下，酒庄花费了5年的时间逐步更换酿酒设备，从年产能3000万吨的酒厂式发酵设备换为国内最优质的精品发酵设备，从匈牙利请来著名酿酒师IGNAC RUPPERT，选购来自法国、匈牙利和美国不同板材橡木桶用于陈酿……紫晶庄园的外观朴实无华，主体建筑由几排灰砖厂房构成，有人劝他把酒庄建漂亮些，老马不以为然，"我不喜欢那么张扬，什么欧式、美式的，把酒做好比较重要。"在追求品质方面老马固执得有些可爱。

老马也有温情的一面，有时候大家都说他不像个企业主。有些员工并不很有效率，但马总一直不舍得辞掉。老马说："我们要养活100多个员工，意味着100多个家庭。"这种将心比心的温情也让老马收获了一个忠诚的团队，酿酒师王柱就是其中的一员。这个不善言辞、喝酒上脸的小伙子从2008年毕业就来到紫晶庄园工作，一直尽心尽力辅助总酿酒师的工作。说是辅助，但大家都明白，匈牙利人一

年来不了几趟，大部分的工作都是王柱带领着技术团队去完成。

虽说怀来临近北京，但毕竟只是个小县城，没有什么娱乐项目。员工们也都住在酒庄里，一年到头大门不出二门不迈，榨季忙起来更是没日没夜。十年如一日，王柱却很淡然："酿酒师最重要的就是坚守，守着葡萄园，守着酿酒车间，守着酒窖，只要耐得住寂寞，坚守本心，积极学习前人经验，用心酿造，总有一天会收获累累硕果。"

2016年，在上海举办的中国葡萄酒发展峰会上，紫晶庄园葡萄酒得到了杰西斯·罗宾逊、贝尔纳·布尔奇、伊安·达加塔三位葡萄酒大师的一致推荐和认可，更摘得了"年度十大中国葡萄酒""年度最具潜力中国葡萄酒"两项桂冠。不仅如此，十年来紫晶庄园先后被评为"金牌酒庄""最佳中国酒庄""十大中国酒庄"，产品在国内外专业赛事中获得了100多个奖项。2017年，紫晶庄园通过极其严苛的审核，成为首批"酒庄联盟"成员，获得国家认证的"酒庄酒"的商标使用权。而这些都离不开庄主老马的固执，酿酒师王柱的坚守，以及紫晶庄园团队每一个人的努力。

花园、酒窖与时光

　　老马认为怀来离北京近，有发展葡萄酒旅游的潜力，紫晶庄园也自然而然地成为了怀来最早开门迎接游客的酒庄之一，还被评为"河北省四星级休闲农业园"。小小的酒庄一年接待数千人，其中一半都是慕名而来的专业人士。专业人士眼里只有好酒，但普通的游客往往更注重体验和享受，看看到访过的游客都是如何评价这里的。

　　@瑞士驻华大使馆：每年这个时候，使馆都会组织年度全体员工活动。瑞士人喜爱葡萄酒，这次大家想要好好品尝中国葡萄酒！我们来到河北怀来紫晶庄园，参观葡萄园以及葡萄酒的酿制过程。轻松旅程的最后一刻当然是各种品酒，霞多丽、雷司令、西拉、美乐、黑比诺……种类繁多的葡萄酒，小编是真醉了！

　　@摇光：如果有幸站在地势较高的葡萄园往酒庄方向俯看去，紫晶庄园红瓦灰墙，傲然独立于山水之间。远处，狭长的官厅水库碧波荡漾，再远些，是那朦胧的燕山山脉，令人心境开阔。酒庄建筑看上去质朴无华，但却藏着一颗精致的内心——紫晶酒窖。一条青石板路通向幽深的过道，穿过长长回廊豁然开朗，一排排酒罐、一排排木桶，空气还飘着优雅的酒香。走累了就在沙发、藤椅上休憩一会儿，来一杯紫晶葡萄酒最是恰当。

　　为了让游客们更好地在酒庄游玩，老马在园区里种上鲜食葡萄、海棠、枣树，秋天的时候也让大家感受一下采摘的乐趣，酒里里两旁绿植葱郁，鲜花繁盛，若不是酒庄内6个橡木桶上写着的"怀来紫晶庄园"，从外面看上去更像是一个小花园。紫晶庄园的参观门票售价45元起，参观时间从早上9点

到晚上6点。酒庄有专人导游讲解，带领大家参观酿酒车间、地下酒窖，品鉴紫晶庄园葡萄酒。

随着参观的深入，你才会恍然发现，紫晶庄园简约质朴的外表下，包含着一颗豪华精致的心，4000平方米的地下酒窖是庄园内最具神秘感和空间魅力的地方。庄主老马年龄大了，喜欢把许多淘来的老物件放到酒窖里，老旧的板车轱辘、有百年历史的葡萄压榨机、比胳膊还粗壮的葡萄老藤……每一件都沉淀着葡萄酒的历史和文化。酒窖融合了欧洲旧世界与中国民俗风格，这或许跟庄主在海外经商又回国创业的经历有关。那些海外漂泊的日子，老马是否也曾有过"年深外境犹吾境，日久他乡即故乡"的感慨呢？

偌大的地下酒窖，有许多藏酒的格子，有一些上面挂着锁的，是留给酒庄会员的存酒。酒窖里还有几十个酒洞，里面满满地装着每个年份的酒，那是庄主每个年份留下的酒。老马总念叨着，过个十几年、几十年要拿出来做垂直品鉴。有时候觉得很有趣，不知道这里哪一瓶酒会在哪一个时刻被人打开，饮用它的人们有着怎样的心情，是欢喜还是悲伤，是团聚还是独处。突然发现，这些酒里都藏着时光，这些酒也将去见证时光。

穿过狭长的走廊，上千个橡木桶整齐排列在酒窖深处，颇为壮观。这些橡木桶来自不同的国家，有不同的纹理和烘烤程度，并不是所有的葡萄酒都适合橡木桶陈酿。入不入桶，入什么样的桶，入桶多久，这一切都是酿酒师去权衡、去决定。每当木桶陈酿的后期，王柱常常要在这里反复不停地品鉴样品，决定出桶的时间。

酒窖的会所区域是享受美酒的好地方，那么问题也随之而来了，到底哪几款酒更值得尝试呢？先别急，听笔者慢慢介绍。紫晶庄园2017年推出了全新的"晶"系列新品，包含了晶彩、晶灵、晶典、晶藏4大主题20余款产品，另外还有传统"丹边""延怀山谷"两大系列。

紫晶庄园丹边霞多丽 / 紫晶庄园晶彩霞多丽

霞多丽是紫晶庄园最大的白葡萄品种，霞多丽也是世界上最为时尚且最为著名的酿造干白葡萄酒的葡萄品种。霞多丽虽常见，但每个产区每个地块的霞多丽表现都有所不同，这也是霞多丽的迷人之处。

紫晶庄园的霞多丽经100%匈牙利新橡木桶6个月的发酵，色泽呈浅稻秆色，带鲜亮的绿色调，具有浓郁的水果芳香，伴有明显的坚果和黄油的香气，饱满的酒体带有荔枝和番石榴等热带水果的香气，甚至还有坚果、雪松和橡木气息。有次品尝过程中，庄主老马透露给我们一个关于这款霞多丽的秘密，这款霞多丽中加入了5%的维欧尼，让香气更为复杂。这款霞多丽较为适合与鱼肉、虾蟹、禽类和奶酪等食物搭配佐餐。如果搭配鱼的话，官厅湖的铁锅焖鱼最合适不过了。

紫晶庄园丹边马瑟兰 / 紫晶庄园晶典马瑟兰

了解紫晶庄园的人，笔者相信十之八九都会选择马瑟兰。在此之前有必要科普一下这个近几年来在中国大热的品种。马瑟兰（MARSELAN）是人工培育的葡萄品种，1961年诞生于法国，爸爸是赤霞珠，妈妈是歌海娜。马瑟兰引入中国是在2001年，首个引种地便是怀来。之后，马瑟兰先后在北京房山、山西太谷、甘肃武威、河北昌黎、宁夏贺兰山以及新疆焉耆盆地等产区陆续引种。近几年中国的马瑟兰在各类赛事中表现出色，被誉为"中国葡萄酒的明日之星"。

马瑟兰姓马，庄主马树森也姓马，或许缘分就注定了紫晶庄园马瑟兰的优异。紫晶马瑟兰拥有成熟奔放的红色水果香气，美国橡木桶带来的香草香气和匈牙利橡木桶带来的奶油香气完美融合；醒酒之后，还有幽幽的紫罗兰香；酸度中等、单宁细腻厚重。人们常常诟病马瑟兰没有结构感，但紫晶庄园的马瑟兰超凡脱俗，层次分明，做出了难得的结构感。怀来所在的张家口市的口蘑很有名，来一盘红烧全菇，本地菜配本地酒，一定很赞！

说到吃，怀来也算得上是千年古城，当地特色美食自然少不了。鸡鸣驿的驴肉很出名，怀来当地人都会开车半个小时特意去吃。莜面也是怀来的一道特色面食，由莜麦加工而成，做法也多样，更重要的这是一种非常健康的食品，更有助于美容、减肥，搭配上紫晶的桃红酒，肯定是广大女性朋友的最爱。

怀来紫晶庄园

"帝都"旁的自由天地

紫晶庄园距北京首都国际机场仅有90千米，
从北京市区出发无论是自驾还是乘车都很便利。
不要以为所有的酒庄都在荒郊野岭，
紫晶庄园的周边已经被地产商开发成楼盘，
一开盘就被扫光，足见其位置的优越和交通的便捷。

住宿方面，紫晶庄园有一定的住宿接待能力，能满足四五十人的住宿，如果要住在酒庄请提前联系预定房间。怀来虽说是河北张家口的下辖县，但说成是北京的市郊也不为过，住宿都很方便，位于桑园镇的怀来葡缇泉温泉度假村里更是有葡萄主题的温泉酒店，独具地方特色，值得下榻。

休闲旅游方面怀来真心给力，除了春天干燥、风沙较大外，夏秋冬三季各有特色。

怀来搁在古代基本上算是塞外地区了，夏季凉爽，是避暑的好去处，强烈推荐去官厅湖划船、钓鱼、烧烤，周边的农家乐和民宿非常多，约上关系好的同事朋友们，找个周末一起玩乐两天是很不错的选择。

秋季是怀来最佳的旅游季节了，因为有葡！萄！吃！前面说了怀来的风土，这里无论是鲜食葡萄还是酿酒葡萄，品质都超赞！吃鲜食葡萄可以选择暖泉镇，那里还挨着温泉和薰衣草花园，泡个温泉，吃着葡萄，再跑去和薰衣草合影，别提有多滋润了！

冬天嘛，除了泡温泉，再就是滑雪了！要知道，2022年冬奥会就是由北京和张家口市联合举行，这里的滑雪条件那可都是奥运会级别的！滑完雪再泡个温泉，驱走一身的寒气和疲惫，想想都舒服。如果你是钓鱼爱好者，冬季官厅的冰钓可热闹呢，不容错过！

怀来历史悠久，自然风光与人文景点不胜枚举，黄龙山庄、鸡鸣驿、官厅湖、镇边古城、天皇山、天漠、样边长城、松山、黄帝城、灵山等多个景点，湖光山色、古城沙漠，应有尽有。要都玩上一圈，可要准备出大把的时间来，到时带上几瓶紫晶庄园的葡萄酒，且行且饮，纵横放歌，好不痛快。

自驾导航地址：怀来紫晶庄园（张家口市怀来县瑞云观乡内）

自驾路线：从北京八达岭高速前行出京，进入河北的第一个高速出口—东花园收费站出高速，右转前行3千米即到美丽的紫晶庄园。

乘车路线：从北京出发可在德胜门乘坐880路公交车（德胜门—华侨农场）在东花园站下车，下车后南行3.5千米即可到达紫晶庄园。

张裕爱斐堡国际酒庄
演绎"中国骄傲"

Château Changyu AFIP Global:
Expression of China's Pride

酒庄志 Winery Profile

创立时间：2007年6月
所在地：北京市密云区巨各庄镇
资金投入：7亿元
酒庄面积：1500亩
葡萄园面积：1100亩
主栽品种：赤霞珠、霞多丽
标志性建筑：城堡主楼
酒窖面积：2550平方米

　　提起酒庄，一定是生产葡萄酒的地方。位于北京市密云区的张裕爱斐堡酒庄所生产的赤霞珠干红葡萄酒、霞多丽干白葡萄酒曾三十余次荣登国宴的舞台。那么这儿仅是一个生产国宴葡萄酒的酒庄吗？听说这里风景如画，不出国门便可感受到异域风情。相信很多人，即便没到访过爱斐堡酒庄也曾看到过这样一段视频，一位西方老绅士高持红酒杯，用美妙的法语动情地说，"我一生去过全球数百个酒庄。在我心目中，张裕爱斐堡是令人震撼的世界级酒庄。这里有我最喜爱的葡萄酒！"这无疑成了对爱斐堡酒庄最好的注脚。这位老先生就是国际葡萄与葡萄酒组织（OIV）名誉主席、张裕爱斐堡国际酒庄名誉庄主罗伯特·丁洛特先生。对于这样一座国内世界级的酒庄，让笔者顿时产生了急欲探访它的冲动。"爱斐堡，我来啦！"

国际化·穿越时空之旅

Internationalization · Travel through time and space

　　初次到酒庄，可能很多人都有这样的疑惑，我是不是穿越了？简直不敢相信我的眼睛！远黛青山，绿茵茵的葡萄园映衬着一座宏伟的欧式城堡式酒庄：罗马式高耸的大门、中央大喷泉、五国旗帜迎风飞扬。但看到张裕麒麟标志，就知道这就是位于北京密云的张裕爱斐堡国际酒庄了，双麒麟环抱地球雕塑彰显着百年张裕的辉煌历史及国际酒庄风范！

　　爱斐堡酒庄于2007年6月盛大开业，是张裕"八大酒庄"之一。由烟台张裕集团融合法国、美国、意大利、葡萄牙等多国资本，投资7亿余元打造。酒庄总占地面积1500余亩，其中建筑面积400亩、葡萄园面积1100余亩。这么大的规模和投资，无愧"大""豪"两字！穿过爱斐堡酒庄的大拱门很让你误以为闯入了欧洲皇家贵族的领地。绿地上随处可见的复古雕塑、栩栩如生的大酒桶提醒你这里是葡萄酒文化气息非常浓郁的大酒庄。

一条蜿蜒曲折的马蹄路指引你走近前方一探究竟。一幢宏伟的哥特式城堡矗立在眼前，高高的塔尖傲然挺立，这便是爱斐堡的标志性建筑，占地近7000平方米的城堡主楼，包含酿造车间、地下酒窖、张裕酒文化博物馆、葡萄酒品鉴中心、斐常创意微工厂、高端会议室等多个功能区域。顺着螺旋楼梯而下便是爱斐堡的大酒窖，占地2550平方米，沉睡着一千余只法国优质橡木桶。这里酒香弥漫，酒不醉人，人自醉！"私人储酒领地"彰显着这里的尊贵和荣耀。斐常创意微工厂中游客不仅可以自己设计个性化酒标，进入车间近距离观看专属自己的葡萄酒如何在灌装线上运行，并自己贴标、装盒，在弥漫四周的酒香中感受作为酿酒师的独特乐趣！城堡二层是张裕百年葡萄酒文化博物馆，全面介绍了张裕100多年的发展历史、企业文化及酒文化知识，主要由历史厅、现代厅、科普厅等部分组成，既是中国葡萄酒发展历程的回顾缩影，又是葡萄酒文化的荟萃集锦。三楼是爱斐堡酒庄的品鉴中心，一个真正属于葡萄酒爱好者的精神家园！走出城堡朝对面的欧式建筑群走去，你会发现小镇里的街道以古希腊、古罗马和古巴比伦酒神的名字命名，四周还散布着多种风格的主题客房、葡萄酒主题餐厅、红酒雪茄屋、爱尔兰风情酒吧。错落有致分布在此的还有醴泉宫、圣母教堂、金奖白兰地老酒坊等众多欧式建筑，让你仿佛置身于法国南部风情小镇。据悉，这可是按照法国凡尔赛宫附近村镇1:1打造的酒庄欧洲小镇，所以我们在北京就能感受到这纯正的欧洲风情啦！

◀ 酒庄名誉庄主 罗伯特·丁洛特（ROBERT TINLOT）

世界级·演绎中国骄傲

World Class·Expression of China's Pride

作为酒庄名誉庄主，丁洛特先生曾自豪地介绍说："早在规划之初，张裕爱斐堡国际酒庄便参照了国际葡萄与葡萄酒组织（OIV）对全球顶级酒庄设定的标准体系，并在OIV的全面支持下完成建设。酒庄主体的建筑寿命按照不低于5个世纪的标准设计，铺覆在酒庄屋顶的层岩石片和外墙的磨砂石分别从葡萄牙和法国引进。"这样的高起点、高标准无疑让爱斐堡酒庄成为了引领世界酒庄潮流的标准制订者，从而奠定了其"全球酒庄新领袖"的地位。

提到世界级，当然要说说爱斐堡酒庄的顶级佳作。爱斐堡酒庄赤霞珠干红和霞多丽干白自问世以来已30余次作为国宴用酒，款待多国元首！葡萄酒是风土的产物，涵盖了气候、阳光、地形、土壤、水分供给等多种自然因素。顶级质量的葡萄酒定然坐拥"天时地利人和"的一切有利条件。"一亩地仅种266株葡萄树，一株葡萄树只产一瓶酒。"这是酒庄种植师拉帕鲁在葡萄种植上量化的高标准。酒庄所有酿酒设备代表了国际最先进水平，均进口自意大利、德国等欧洲国家。酒庄首席酿酒师更是法国著名酿酒师哥哈迪先生，拥有二十余年酿酒经验。秉承张裕百年酿酒精神，依托张裕国内外顶尖技术团队，爱斐堡酒庄屡登国宴舞台的世界级的酒庄酒就诞生了！

　　爱斐堡酒庄的国际化，真是一不小心迷倒了大批网友，且看：

走就走

　　好美丽的风景，不知道的还以为在欧洲国家旅游了呢，不去就真的可惜咯！

M981119

　　景色非常美，城堡、葡萄庄园、各式的店铺、巷子街道都是非常欧式的，教堂和城堡很漂亮。

子龙糖糖

　　这里有浪漫的城堡，有欧洲花园小镇，还有可爱的天鹅。有酒店可以住，看看日落，很漂亮。

639****554

　　雨天出行别有滋味，不负美景！随手一拍就是大片大片的鲜绿，尤其雨后更是色彩鲜亮。雨后初晴，漫步葡萄架下，很惬意！PS：绝对摄影福利！

周游列国

　　爱斐堡是北京最著名的葡萄酒庄，建筑西洋化，像是一个城堡，所以有很多人在此拍婚纱照，这里能买到大师级的葡萄酒，在城堡下面是一个巨大的酒窖，许多名人在此藏酒。

丹妮君

　　本来是冲着欧洲小镇去的，没想到风景美呆，一望无际的葡萄地，心情瞬间很放松。

_CFT01****4177847

　　超烂漫，超满意！真的，如此美景也就是欧洲风情敢媲美！

138****5210

　　白天和夜景都很漂亮！当夜晚来临，灯光亮起来的时候，会发现非常漂亮，有种神秘古堡的感觉！

欢乐城堡 / 知识殿堂

The castle of joy, the temple of knowledge

　　徜徉在爱斐堡酒庄有种让人流连忘返的感觉，也难怪备受各大导演、明星青睐，纷纷在酒庄取景拍摄，像成龙的好莱坞大片《绝地逃亡》，黄海波和高圆圆主演的浪漫电视剧《咱们结婚吧》，王诗龄、杨千嬅出演的《宝贝当家》以及综艺娱乐节目《挑战者联盟》等。酒庄浪漫的欧洲风情和葡萄酒文化氛围也吸引了大批新人到此进行婚纱摄影、举办城堡庄园婚礼。恢弘典雅的欧式建筑，绿茵茵的草坪，整齐美丽的葡萄园，庄严、神圣的教堂，来爱斐堡酒庄可还你一个王子公主般幸福的婚礼！

爱斐堡酒庄最适合全家总动员，大人孩子们都能玩得尽兴又开阔眼界。这里的山水、酿酒葡萄园造就了特别优美的自然环境，是体验葡萄酒文化、养生度假、休闲旅游的好地方！当今，随着人们生活质量水平的提高，葡萄酒逐渐成为人们喜爱的一种健康生活方式，还成为时尚的社交工具，体现着个人修养和魅力。张裕爱斐堡国际酒庄是获得国际葡萄与葡萄酒组织（OIV）权威葡萄酒专业机构支持的专业酒庄，酒庄内国际品鉴中心配备的全球顶级的软硬件设施，为葡萄酒专业人士和爱好者提供了最理想的条件。

葡萄种植园、生产车间、大酒窖的参观，可见证葡萄酒从一颗葡萄完成蜕变的过程。美食烹饪搭配美酒的课程使葡萄酒品鉴生动而有趣；自酿酒DIY可以让小朋友们化身酿酒师，体验酿酒快乐；辽阔的山林景区、水景区、千米葡萄长廊，可让你立刻回归自然，放松身心！除此之外，酒庄还有一年一度的葡萄采摘节、葡萄酒文化艺术节、少女踩葡萄大赛、葡萄小天使、市民品酒节等丰富多彩的活动！对此，到访网友们都有哪些心得体会呢？

携程旅行顾问晶彩BABY

　　爱斐堡呈欧式风格，法国梧桐大道、鲜食葡萄采摘园、哥特式城堡、地下大酒窖、欧洲小镇、张裕百年历史博物馆以及山水景观休闲区，使您可以尽情体验葡萄酒文化所带来的乐趣，与大自然亲密接触，彻底地放松身心。

M21****843

　　一个很适合一家人来的地方。美！就像一个大大的后花园一样。八月份左右到的话还可以吃上葡萄^0^。

赵先生123

　　张裕爱斐堡是一场浓郁的欧洲葡萄酒文化之旅，深入了解葡萄酒酿造，品鉴顶级葡萄酒，还可以凭门票DIY一瓶白兰地，孩子也很喜欢，到处充满好奇，美好的五一假期！

M25****440

　　景区环境好，传统和现代相结合，欧式农庄的氛围。主楼的红酒文化以及张裕的历史展示，文化性很强。

M18****1797

　　总体感觉挺好，不但领略了葡萄酒文化，知道了张裕的来历，见识了酒窖，品尝了美酒，还游览了欧洲特色的城堡，欣赏了天鹅湖的白天鹅，里面的环境不错，值得推荐，65岁以上的老人还免费。

M46****221

　　非常不错的一次体验，酒庄环境很优美，院内所有的建筑都是欧式城堡，非常适合文艺青年欣赏。城堡内收藏的葡萄酒品种齐全，价格也很优惠！门票里包含葡萄酒鉴赏，喝了一杯干红，一杯甜酒，味道很好，果断买了几瓶！酒庄内的爱斐堡小镇简直美得不要不要的，适合拍婚纱照办婚礼，走进来少女心爆棚！很棒的一次旅行！

吃喝玩乐，带你玩转爱斐堡！

Play in the AFIP Global ，enjoy food and wine

　　酒庄地处密云区，算是最近的京郊游了。爱斐堡酒庄作为国际化、世界级的大酒庄，来到这就仿佛拥抱了世界！这里能品尝到国宴菜、国宴酒，这可是总统级待遇，想想都让人欢呼跃腾。小伙伴们，惊不惊喜？

　　自2009年以来，张裕爱斐堡酒庄酒作为国宴用酒款待过来华到访的各国元首政要，如美国总统奥巴马、德国总理默克尔、俄罗斯总统普京、英国首相卡梅伦、法国总统萨科齐、巴西总统罗塞夫等。来酒庄必尝的两款酒，可是总统们喝过的呦！

张裕爱斐堡酒庄赤霞珠干红

　　深宝石红色，澄清有光泽。香气浓郁，具有典型黑李子、樱桃等成熟黑浆果香气及协调的醇香和橡木香。口感醇厚，酒体丰满，单宁细腻，结构平衡，典型性强。

张裕爱斐堡酒庄霞多丽干白

　　果香清新，具有奶油、橡木与香草香气，口味圆润、爽净、雅致，具有极强的典型性。

　　美酒怎能少得了美食搭配！密云水库全鱼宴、密云特色地方宴、法餐、意餐、南美风情料理这些颇具地方特色又国际化的美食定能满足您挑剔的味蕾！

　　游梦幻城堡，享采摘之乐，十余种鲜食葡萄品种，得天独厚的土壤条件，深达五米根系摄取养分，随气候自然成熟，使用有机肥，绿色纯天然。玩累了，马车游园让你感受皇室尊贵，在欧洲风情小镇泡泡吧、抽抽雪茄，晚上住住总统套房，小伙伴们意下如何？张裕爱斐堡酒庄大门已打开，就等你们来啦！

　　当然，您也可以借一次出行到司马台长城、古北水镇游玩一番！司马台长城是世界遗产名录，是我国唯一保留明代原貌的古建筑遗址，被联合国教科文组织确定为"原始长城"。古北水镇夜景堪称北京一绝。登长城，提灯夜游司马台；品长城，城下湖畔享精致晚餐；望长城，摇橹长城下；赏长城，星空温泉絮语；聆长城，浪漫水舞秀；宿长城，夜宿长城脚下；戏长城，戏水长城脚下；醉长城，山顶品酒观星。

　　"返程时路过临时决定来这里，欧式建筑风格很吸引人，门票很实惠，了解葡萄酒文化之余，还可以品尝红酒，体验灌装白兰地，园区、葡萄长廊很美，3D馆、儿童拓展区孩子非常喜欢，有意义的一次旅行！"翻看网友们的点评总能对我们的出行有所帮助。

E06****49

景区停车方便，环境优美，城堡小镇是绝对的拍照圣地，还能品尝美酒，是一次美酒与美景相伴的旅程。

203****239

很适合带父母来此放松，处处绿树成荫，全程不晒不累，随处可歇脚。集文化和美景于一身，既有百年的红酒历史，又有欧式风情的古堡和葡萄园，还有喜庆的婚礼。午饭也是在酒庄内享用的，中餐自助味道很不错哦，就餐环境很舒适！酒庄内可品酒，拍3D照片，还可自灌白兰地带走，总之，家人对酒庄之游很满意。

肯豆基

从古北水镇回来后游览了酒庄，相较于水镇的拥挤，酒庄可是舒服太多了。占地面积颇大，人也不算太多，一天时间晃晃悠悠，观赏葡萄园，参观酒窖，品尝美酒，亲自感受灌酒体验。还有漂亮的城堡，仿照凡尔赛宫小镇的美景，绝对是值得一试的旅程！

M52****794

清明假期游客并不是很多，北京难得见到这样的舒适之地。快到酒庄的时候，远远就看到了一座优雅的城堡，让人心生向往。走进酒庄，是一片片整齐的葡萄园地和绵延起伏的小丘陵，树木葱茏，花朵初绽。小亭子和长廊点缀其中，长颈的天鹅自在滑水，有许多一点点大的小宝宝来玩，娇憨活泼，真是可爱极了。最推荐的是城堡地下的酒窖，沿着旋转的楼梯走下去，黑漆漆的光线掩不住的是橡木桶的木质香调，以及混合起来的酒香。两边的墙上挂着很多名人的藏酒名牌，一抬头就看见了王健林的。走到城堡的四层可以品酒，游客接待大厅可以灌白兰地，都是不可多得的体验。

WANGXIAOER222

距离密云县城也非常近。空气清新，满园弥散着葡萄的香味，环境优美，有山有水有城堡有地窖，是个静心的去处。

/交通指南/

酒庄地址：北京市密云区巨各庄镇东白岩

联系电话：010-89092999

微信：张裕爱斐堡酒庄

地址：北京市密云县巨各庄镇

官网：www.changyuafip.com

行车路线：

自驾：京承高速第17出口（密云城东出口）左转300米即可到达。

公交：在东直门乘坐980路快公交车到达终点站【密云汽车站】在马路对面换乘密5路、密16路、密18路公交到【蔡家洼】下车即可。

来金士国际酒庄
一杯敬过往，一杯敬健康！

Come to Château Kings:
One toast to the past, Another to Your health

渤海之滨，秦皇岛畔，神岳碣石，史韵悠长。
古传天神仙圣寻道此间，修真养性聚合万间灵气；
史载九帝登临于此，曹孟德在此"东临碣石，以观沧海"；
李大钊铁肩担道义，
在这里写下了著名的《我的马克思主义观》；
毛泽东感怀这里夏秋之交的壮丽景色，
长吟"萧瑟秋风今又是，换了人间"。

如今，碣石山东麓绿意盈盈的葡萄园一片连着一片，
一座欧洲后现代建筑风格的葡萄酒庄园枕山依海，迎八方来客。
承健康之理念，依制药之标准，酿造出卓尔不凡的葡萄美酒，
让一个历史悠久的葡萄酒产区重新焕发了光彩，
让一片人文荟萃的历史圣地飘出了酒香。
秦皇岛金士国际葡萄酒庄，一杯敬过往，一杯敬健康。

酒庄志 Winery Profile

创立时间：2010年
所在地：秦皇岛葡萄酒产业聚集区碣石酒乡
资金投入：20亿元
酒庄面积：1300亩
葡萄基地面积：200亩
主栽品种：马瑟兰、小味儿多、小芒森
标志性建筑：壁画群、酿酒葡萄园、鲜食水果采摘园、
　　　　　　居家康养示范区、御景长廊等

花果之乡里的葡萄酒庄

　　秦皇岛金士国际葡萄酒庄有限公司坐落于秦皇岛葡萄酒产业聚集区碣石酒乡，南距黄金海岸25千米，北距京沈高速抚宁昌黎出口16千米。酒庄由天士力控股集团投资建设，是天士力控股集团大健康产业的重要布局，也是天士力控股集团"做好一瓶水、一杯茶、一樽酒、一盒药、一套健康管理方案和一个儿童教育平台"的"六个一"工程的重要组成部分。酒庄规划占地1300亩，投资20亿元，建筑面积16.4万平方米，分为一期工程和二期工程。一期工程包括大门功能区、壁画群、儿童梦幻乐园、金士酒吧、帝泊洱茶吧、200亩精品酿酒葡萄园、100吨精品酿酒车间、鲜食水果采摘园、基础配套设施建设、居家康养示范区、御景长廊等；二期建设7100平方米四星级葡萄酒主题酒店、葡萄酒博物馆、国际会议中心、年产1000吨精品葡萄酒酿造车间、1200平方米洞藏山体酒窖及居家康养主体区。

说起秦皇岛产区的碣石酒乡，这里可是有名的"花果之乡"。20世纪50年代，这里的出产的蜜梨作为丰收礼物送到北京中南海毛主席的面前，《毛泽东主席照片选集》（人民出版社1977年9月出版）里的一张照片便是最好的佐证，照片中一身浅灰色中山装的毛泽东，在长桌后面站定，双手捧起一封信，正在全神贯注地阅读，桌上摆放着十几个金黄的蜜梨。几十年过去了，当年结出香甜蜜梨的梨树仍然完好地保存在酒庄内。

当然，这里最出名的水果作物当然还是葡萄了！秦皇岛东临渤海，北依燕山，西南挟滦河，气候和土壤条件特别适宜葡萄的生长，据说已经有400多年栽培葡萄的历史，所产的葡萄气息芳香，口感甜润，深受人们的喜爱。20世纪70年代，产区又引进了赤霞珠、蛇龙珠、品丽珠等酿酒葡萄品种，于1979年研制、开发出中国第一瓶干红葡萄酒，填补了中国干红葡萄酒的空白。秦皇岛近半个世纪的葡萄酒产业发展过程中先后涌现出了一批批优秀的酿造企业，干红葡萄酒生产规模不断扩大，葡萄酒产量曾一度占到全国总产量的四分之一，被誉为"中国干红葡萄酒城"。

如今，秦皇岛已经成为葡萄酒旅游的新去处，近几年，以"品酌葡萄美酒、观赏万亩葡园、游历酒庄酒堡"为主要内容的葡萄酒文化游应运而生。"葡萄酒文化游"一经推出，立即受到旅游者欢迎，国内外游客纷纷闻香而来，秦皇岛已接待中外游客近10万人次。而金士国际酒庄就是秦皇岛产区葡萄酒文化游中最亮眼的一站！一起来看看网友们都是怎么评价金士酒庄的。

/ 网友推荐 /

@旧城梅雨：

我和伙伴们来到了昌黎干红小镇的"金士葡萄酒酒庄"。感觉我们来的不是酒庄，也不是葡萄酒生产厂，而是走进了一个美不胜收的大花园。园区各种建筑风格独特，各种植物争相斗妍。园区处处弥漫着葡萄酒的文化……

@局外的乌合之众：

金士酒庄充满设计感的建筑，严格的卫生条件，先进的设备。金士以精细建设为标准，做不一样的精品酒。在昌黎的葡萄酒产业中，金士就像不一样的烟火，谋创新，谋发展。而我们，也被这种精细熏陶着，期待明天能酿出精细，酿出创新，酿出不一样的烟火。

神仙居所　文化长廊

山不在高，有仙则灵。在金士国际酒庄园区西南侧山坡处两块独立的岩石上各有一个硕大脚印，相传这是神仙留下的脚印，故称之为神仙脚。相传八仙中的张果老和韩湘子曾在此修心养性，二仙每天修炼下棋。二仙在此悠悠乐哉，常邀其他仙友来此相聚，不知是哪位神仙随性洒脱，在此留下了一对足迹，不仅给后人留下了一段佳话，也为钟灵毓秀的碣石山平添了一丝神秘色彩。

金士国际酒庄依山而建，酒庄大门区为欧洲后现代风格建筑，远远看去如同波浪一般。大门两侧伫立着两根金属立柱顶天立地，"金士国际葡萄酒庄"几个大字格外显眼，大门前的两尊石狮倨傲肃穆。别人家的酒庄大门都是用来"穿过"的，而金士酒庄的大门则是一个独立的功能区，建有旅游接待中心、葡萄酒体验中心、大健康产品展示中心、儿童梦幻乐园、金士酒吧、帝泊洱茶吧等。外展部分利用大门区特殊的流线拱形建筑和穹顶打造近5600平方米《蕴合大道通达人生》为主题的葡萄酒壁画群。壁画群以哲学思想为设计理念，以葡萄酒伴随世界文明、推进人类健康为主旋律，中国和世界葡萄酒历史文化在此交融，这也是目前世界上规模最大的葡萄酒文化主题壁画群。

置身其下，恍若穿越时空。那边，有十六位神、人穿越时空来到金士酒庄共饮一杯酒，他们都是葡萄酒历史发展进程中重要的历史人物；一幅《原始初醉》描绘了人类社会起源之初便采摘葡萄野果的生活场景，惟妙惟肖；还有那金士酒庄葡萄园与碣石山融为一体的景色壁画，登上观景台，壁画中描绘的景色就在眼前。最让人印象深刻的是一幅《同圆一个梦》，描绘了世界各国人民不分肤色、不分种族、不分地域跨越国界追求健康的故事。这也正是金士酒庄一直努力的方向，酿好一杯健康之酒，共圆一个健康之梦。

穿过壁画群，一座精妙绝伦的《醉美春》主题雕塑赫然出现在眼前。环视四周，墙壁上刻的是古今中外名人赞美葡萄和葡萄酒的二十五首诗文佳作。随着"唰"的一声，以雕塑为中心的喷泉开始运作，伴着欢腾的流水声，拜读诗文，畅想那些过往，那些与葡萄酒有关的人、有关的事。

静谧庄园 酒醉人心

金士国际酒庄远离都市喧嚣，是一处清净休闲之所。酒庄内花木繁盛、山水相依、百花争艳、果香满园，是名副其实的花园式酒庄。春季之时，葡萄苗冒出嫩绿新芽，酒庄里的梨花一夜绽放，悠悠飘来清雅的香气。盛夏季节，去酒庄的天香园看薰衣草，紫色的花海如同梦幻世界。秋季是收获的季节，葡萄树上结出晶莹果实，摘下一粒酸甜可口；100余亩的果蔬采摘园里种植着鲜食葡萄、蜜梨、京白梨、苹果、樱桃、桃等十余种水果，每到丰收季节，硕果累累，香馥扑鼻，体验采摘，感受农趣。冬季的金士酒庄是洁白、安静的美，一场冬雪降临后，园内银装素裹，一根根葡萄架杆傲立雪中，如同守护庄园的卫士。

其实，金士的葡萄园真正的美并不是四季之美，而是酿酒葡萄成熟后的醉人之美。金士酒庄200亩酿酒葡萄种植园实行标准化、精细化、差异化、数字化的"四化"管理理念，对葡萄园气候特点、风土特色以及品种的个性化特点进行重点跟踪和研究。以制药的标准（GAP）管理精品酿酒葡萄基地，建立标准化葡萄种植管理和质量追溯体系，对酿酒葡萄进行严格的"三挑两选一分级"。

酒庄在秉承传统葡萄酒风土理念的同时，运用现代科技酿酒，建立万级净化灌装车间，用制药标准、医学等级精心酿制每一瓶葡萄美酒，这在国内尚属首家。葡萄酒酿造技术和现代科学技术有机融合，使新旧世界酿酒理念完美交融。短短几年时间，金士国际酒庄这家后起之秀已经在葡萄酒界闯出了名堂，2016国际领袖产区葡萄酒质量大赛中，2015金士马瑟兰干红（陈酿）荣获金质奖，之后又勇夺2017中国·国际马瑟兰葡萄酒大赛评委会主席团特别金奖。酒庄另一个代表品种小味儿多也是星光熠熠，先后在中国优质葡萄酒挑战赛、FIWA法国国际葡萄酒大赛等专业赛事中获得殊荣，更被权威葡萄酒媒体收录进《2015贝丹德梭葡萄酒年鉴》中，选送至法国艺术殿堂卢浮宫内参展，在葡萄酒世界的圣地法国诠释着"中国酒·中国梦"。

中国酒业协会领导参观过金士国际酒庄，品尝过马瑟兰后纵情挥毫，留下"金士国际酒庄，马瑟兰干红美"的鼓励题字，法国国家品评鉴定酒类专家协会主席奥利维耶·布什曾这样评价金士酒庄，"一个美妙的发现，一个值得参观的酒庄，一位有创新精神的庄主……"

说了这么多，差点忘了介绍金士国际酒庄的代表作品，金士国际酒庄马瑟兰、小味儿多自然属于必品之列。

2015金士马瑟兰干红葡萄酒（陈酿）

2017中国·国际马瑟兰葡萄酒大赛主席团对其做出的点评如下，"该款酒香气浓郁，荔枝、薄荷味浓郁，典型性强，酒体饱满，余味悠长，具有较强的陈酿潜力。"

2015金士小味儿多干红葡萄酒

酒体颜色为深紫红色，香气馥郁，黑莓、胡椒、甘草类香气，口感丰满强劲，适宜陈酿。

2015年是金士国际酒庄正式开始酿酒的第一个年份。时值8月，在第十六届秦皇岛国际葡萄酒节之际，笔者有幸参加了酒庄的开园仪式并参观了其精品葡萄园。令人印象深刻的是，在特色葡萄酒的研究酿制上，酒庄力求突破以赤霞珠、霞多丽为主导的传统酿酒葡萄品种的格局，非常注重小品种和新品种的研发。令人欣喜的是，经过连续8年的葡萄栽培试验和连续4年的单品种酿酒实验，马瑟兰、小味儿多和小芒森三个品种表现出了优良特性，以后的年份更值得期待！

健康家园 养生乐土

如今，金士国际酒庄已经成为秦皇岛当地葡萄酒旅游的圣地。2017年9月，在第二届河北省旅游产业发展大会（旅发会）期间，仅10天时间里，金士酒庄就先后接待了上万人次的游客，"葡萄酒健康疗养"的概念深入人心，契合了秦皇岛欲打造"世界一流滨海康养旅游度假区"的美好愿景，成为了旅发会上最耀眼的一站。2017年10月，第一届世界酒庄旅游大会上，金士国际葡萄酒庄当选最佳酒庄旅行目的地，金士国际葡萄酒庄总经理王高峰应邀出席，并做了《旅游度假胜地·健康养生乐园》的主题演讲。对于酒庄的未来发展定位，王高峰介绍说："除了做葡萄酒旅游度假休闲以外，我们还将把旅游度假休闲、葡萄酒产业和健康管理进行有机结合，在酒庄内开发建设健康体验馆、养老公寓等项目，将酒庄打造成具有一流水准的综合性葡萄酒庄园。"

金士酒庄内规划建设了总面积近十万平方米的天士力大健康养生家园，这里优美的景观环境、独特的建筑风格给每一个到访者带来舒适安心的居住环境，营造健康和谐的养生氛围。其中，值得前往的就是金士酒吧和帝泊洱茶吧了！金士酒吧温馨、浪漫，点上一杯佳酿，放松灵魂；帝泊洱茶吧悠闲、清净，闲暇之余在这里喝上一杯帝泊洱茶，茶润肠清、身轻体健。人们常说茶酒同道，在金士酒庄我们能真真切切感受到，葡萄酒与茶都有着悠久的历史和丰富的文化底蕴，且都依赖风土，好酒好茶皆稀有，同样尊重自然的制造工艺，相似的品尝和仪式，茶酒文化异曲同工！

天士力大健康养生家园，秉承"简约舒适、节能环保、人文关怀"的核心建造理念，采用无障碍设计，建立智能环保体系，创造全天候智能无忧生活。养生家园针对不同人群的养生需求定制专属的健康管理方案和医疗保障服务，从健康状况评估、健康计划实施到专业护理、医疗保障救护，实施全方位健康干预，全面满足入住会员的多元需求，创造健康美满的生活，推动"生得优、活得长、病得晚、走得安"的生命目标实现，开拓医疗康复、健康养生、健康管理服务产业，而金士酒庄的葡萄酒便是健康养疗中最重要的一环。

来吧！
来金士酒庄，
一杯敬葡萄酒的过往，
一杯敬我们的健康！

旅 / 游 / 指 / 南

出行交通：金士国际酒庄位置距离河北省昌黎县县城较近，可乘坐火车抵达昌黎站后打车或租车前往金士酒庄，酒庄导航地址为秦皇岛市昌黎县两山乡（261省道西50米）。昌黎毗邻北戴河区，从北戴河机场、北戴河高铁站驱车前往酒庄仅有40分钟的路程，交通十分便利。

周边景点：秦皇岛市位于渤海湾深处，素来是旅游度假圣地，最为著名的北戴河、山海关、鸽子窝公园、黄金海岸、翡翠岛、老龙头、老虎石海上公园……山海之间，纵情游玩，好不快活！

住宿推荐：金士国际酒庄目前二期工程仍在进行中，暂不具备住宿接待能力，游客住宿可选择北戴河或昌黎县。

美食地图：酒庄建有金士餐厅，特色美食小有名气：金士红酒猪手、海参大包、驴肉酥饼等。秦皇岛是海滨城市，海鲜自然是第一首选。在面食方面，秦皇岛的饺子和锅贴十分出名，昌黎县的赵家馆就是一家百年老字号的蒸饺馆。另外昌黎的鸿宾楼、食惠坊、益和酒店都是地道的本地菜馆。

山西及陕西产区

怡园酒庄
张裕瑞那城堡酒庄

The Region of Shanxi and Shaanxi

位于中原腹地的山西和陕西是接纳和吸收西方文化的融合之地。我们追溯中国葡萄酒的历史就会发现，山西的太原和清徐、陕西的西安和咸阳都写下了重重的一笔。

山西种植葡萄、酿酒的历史可以追溯到汉代。元代《马可·波罗游记》中对山西葡萄酒的记载更为详细，当时的皇室贵族也非常喜爱葡萄酒，并在山西开辟了大片葡萄园。20世纪50年代至80年代，山西清徐露酒厂曾是中国最有影响力的葡萄酒厂之一。

怡园酒庄坐落在山西太谷县，陈氏两代人历经二十年将一个籍籍无名的小酒庄打造成中国精品酒庄的标杆。在这里，你会遇见一片心旷神怡的花园，你也能感受到葡萄酒的美好与家一般的温暖。

古都西安是汉、唐的都城。张骞从此出使西域并将葡萄及葡萄酒酿造技术引入中原。清宣统年间，天主教徒华国文在陕西省龙驹寨（今丹凤县城）创办了美利酿造公司，开启了陕西葡萄酒工业化生产的序幕，之后的丹凤葡萄酒在国内也曾风靡一时。

位于丝绸之路上的重镇咸阳，见证东西方文化的交流与繁荣。如今的张裕瑞那城堡酒庄便坐落于此。酒庄以酿酒技术合作方——意大利瑞那家族命名，该家族最早的酿酒记载可以追溯到文艺复兴时期。在古都西安的身旁，有这样一座充满了托斯卡纳风情的葡萄酒庄，如同中意两国穿越时空联袂献上的一部艺术杰作。

"怡园酒庄
是我家的骄傲"

"Grace Vineyard Is the Pride of My Family"

山西种植葡萄、酿造葡萄酒的历史可谓久远，早在唐朝，
诗人刘禹锡曾以诗赞美葡萄酒曰："我本是晋人，种此如种玉，酿之成美酒，尽日饮不足。"

回到今天，当我们提起一家在当地别看规模不大、国内外名气可不小的酒庄，
指的就是被誉为"中国精品酒庄的拓荒者"和"中国精品酒庄的标杆"的怡园酒庄。
以"做自己、做中国的品牌"为发展理念，以家族传承的精神和荣誉来酿酒，
以"莲花"为品牌象征的怡园美酒品牌飘香万里！

酒庄志 Winery Profile

建庄时间：1997年
所在地：山西省太谷县任村乡东贾村
注册资本：4680万元
酒庄面积：47亩
葡萄基地面积：1200亩
主栽品种：赤霞珠、梅鹿辄、品丽珠、
　　　　　霞多丽、马瑟兰、阿列尼等10个国际著名酿酒品种
标志性建筑：贵宾楼、酒庄文化展厅、生产车间、地下大酒窖
酒窖面积：2600㎡

好风土遇知音

怡园酒庄坐落在距山西省太原市西南四十千米的太谷县。这里具有典型的大陆性气候：四季分明、干旱、雨水少且日光强烈、昼夜温差大，是种植酿酒葡萄的理想地带。1997年，在世界著名的法国葡萄酒学者DENIS BOUBALS教授的协助下，陈进强先生和来自法国的詹威尔先生寻址到这里并联合创办了怡园酒庄。

陈进强先生是祖籍福建的印尼华侨，目前定居香港。他热衷于在大陆投资创业，还热心参与社会公益事业，积极资助祖国各地的文教及其他公益事业。他是改革开放后最早一批进入大陆进行贸易和投资的香港商人。心怀爱国之心，他希望在中国能够酿出一瓶让中国人觉得自豪的酒，这是他创建怡园的一个理想。

秉承了"只有家族才能做长线的计划，一代接一代地孕育出好酒"的理念，2002年，陈先生将酒庄传给了他的女儿陈芳。陈芳早年留学美国，在父亲的召唤下，投入了家族的事业。她的到来为酒庄注入了新的活力，也掀开了怡园酒庄历史新的篇章。两代人因对葡萄酒的同一个梦想心心相惜，怡园响亮的名字从此在黄土高原大地上横空出世。

精心酝酿好酒

　　酿美酒，种葡萄先行。1998年第一株法国葡萄苗被种植在了位于太行山和吕梁山脉环抱间的一片黄土高坡上。进口的十万株法国葡萄苗，包括赤霞珠、梅鹿辄、品丽珠、霞多丽、白诗南等11个国际著名酿酒品种，精心选择了向阳坡地进行栽种。现在，怡园酒庄在山西的葡萄种植面积达到1200亩，种植基地已经从山西拓展到宁夏。

　　从酒庄选址、葡萄品种选择和葡萄种植到葡萄酒的酿造，山西怡园酒庄都严格按照葡萄酒的生产规律进行，各项工作都做到了细致。秉承"葡萄园是第一生产车间"的理念，葡萄园与酒庄相距10分钟车程，便于与种植农户及时沟通，葡萄原料也能以最快、最新鲜的状态进入压榨工序；试验园地不断进行品种区域化的优选和基地管理模式的试验，这些都为高质量葡萄酒酿造奠定了良好基础。

　　怡园酒庄第一任酿酒师是来自法国的热拉尔·高林先生，后来是来自澳大利亚的肯特·莫其森先生，现任酿酒师是来自马来西亚的李衍彦（YEAN LEE），他们在探索怡园酒庄的风格及创新方面做了很多尝试和努力。

寄情于众美酒

　　怡园酒庄少庄主陈芳曾说："怡园酒庄是我家的骄傲，我家的名片。"而怡园葡萄酒作为最好的沟通桥梁被寄予了更多情感在里面，每款产品名字饱含寓意。老庄主陈进强先生把他的名字写进了"庄主珍藏"，怡园珍藏系列酒款以陈芳大女儿的英文名字"TASYA"来命名；而德宁起泡酒是以陈芳小女儿德宁的英文名字"ANGELINA"来命名的。怡园是用家族的荣誉去酿造每一瓶酒，这些酒款的名字不仅是对产品质量的承诺，更体现了家族传承的意义！

　　2001年，怡园酒庄推出其第一款酒——庆春。时隔十年后的2012年春节，怡园酒庄推出了庆春系列酒的第二款酒——"桃符2011"，此后的每一年，怡园酒庄都会甄选一首古诗词作为当年"庆春"酒的主题，少庄主陈芳的大女儿、小女儿会在酒标上题写古诗词。为的是让喜欢怡园的朋友们提前品尝到新年份的风格和表现，就像电影预告片一样，同时也希望能以"庆春"酒答谢酒友们对酒庄的厚爱与支持。以酒为载体，怡园温情地诠释了中国传统文化，传达出了对家庭、事业和人生的感悟，引起了酒友们的共鸣。

　　当然，怡园葡萄酒更是被寄予了厚望，牵系着怡园人的民族情结。老庄主建庄的一个梦想就是希望在中国能够酿出一瓶让中国人引以为豪的酒。20年来怡园一直在很用心地去做，到底哪块地更适合种什么品种？怎么去做才能做出风土特色？这条路很长，但怡园的探索和创新没有止步。于是我们有机会品尝到了更多创新性酒款，可能来自独特地块、新品种或新工艺。我们有理由相信，作为精品酒庄，怡园定会做出中国的骄傲！

/ 时光
Time

/ 味道
Taste

/ 理想
Dream

凭借家族式酒庄传承精神加上高品质稳定的葡萄酒，怡园酒庄成为首个被国际酒业公司代理的中国本土品牌，荣登众多顶级酒店与餐厅的酒单之上。怡园葡萄酒更是得到了世界著名葡萄酒评家杰西斯·罗宾逊（JANCIS ROBINSON）女士、澳大利亚最权威的葡萄酒年鉴作者JAMES HALLIDAY和《品醇客》《葡萄酒观察家》等国际权威专业杂志及英国金融时报、亚洲时代杂志等的一致好评。如今，怡园酒庄已被誉为中国杰出的精品酒庄之一，葡萄酒品质享誉国内外。

"'在哪里种'和'种什么品种'是怡园酒庄一直在做的功课，目的是为了酿造一款真正能够代表中国产区风格的葡萄酒。"这是怡园酒庄少庄主陈芳一直以来坚持的理念。除在山西太谷种植马瑟兰之外，怡园酒庄还在太谷基地种植了来自意大利南部CAMPANIA重要的葡萄品种AGLIANICO，在宁夏基地种植西拉（SHIRAZ）、雷司令、长相思等其他品种，所以来怡园酒庄品酒是一件非常有意思的事情，一些新品种和创新工艺酿造的酒款的表现让人格外惊喜！

从1997年到2017年，怡园酒庄走过了不平凡的20年。20年，怡园酒庄从老庄主一个人的梦想，发展为了今天一个统称为"怡园人"的大家庭共同奋斗的理想。在山西这片黄土高原之上，怡园人日出而作、日落而息，过着与葡萄酒相伴的生活。怡园酒庄这个像田园又像家园的地方，作为爱酒人的你，是不是已迫不及待要踏上怡园朝圣之旅呢？

开启怡园时刻！

从太原机场往太谷县驱车不到1个小时，便可抵达怡园酒庄。行驶在乡间的路上，沿途都是广袤的麦田和果林，村庄时隐时现。夏季时，还有不少农户在路边摆摊售卖土特产，如苹果、核桃、大枣。转个弯，进入了一条大道后目的地就到了，一幢雅致精巧的欧式建筑，葡萄园环抱其中。参观酒庄文化展览馆可以让你近距离感受怡园品牌故事；整洁现代化的生产车间、专业化的地下酒窖和家一样温馨的贵宾楼，会让你不知不觉沉浸在葡萄酒文化中；贵宾楼、酒庄花园式外景、大片葡萄园，一切都让你惊叹不已、流连忘返。

如果碰巧遇到酒庄的李衍彦（YEAN LEE），这个一不小心在酒庄呆了11年的马来西亚人提到他酿的美酒肯定秒变"话匣子"，他会跟你分享很多有趣的酿酒故事。

怡园德宁起泡酒系列

　　自2009年，怡园酒庄开始了起泡酒的酿制工作，历经六年之久，梦想得以实现。无年份和年份起泡酒均采用传统工艺酿造（瓶内二次发酵），作为国内少有的起泡酒，值得品鉴！无年份起泡酒均采用单一葡萄品种，经过不少于12个月的酒泥熟成，分别为德宁喜悦霞多丽、德宁追寻白诗南、德宁期盼品丽珠。2009年是个好年份，葡萄小巧、结实且酸度平衡，因此酿酒团队决定酿造白中白（100%霞多丽）并经过最少36个月的酒泥熟成，酿出了德宁珍藏起泡葡萄酒2009，产量极少。

怡园珍藏马瑟兰2015

　　马瑟兰在2001年被引入中国，怡园酒庄在2006年开始在太谷种植马瑟兰，经过近六年的种植及酿造实验后，2012年首次以单一品种灌装并上市发售。2017年度"品醇客亚洲葡萄酒大赛（DECANTER ASIA WINE AWARDS, DAWA）"中，"怡园珍藏马瑟兰2015"获本届赛事的最高奖项——大赛白金奖（PLATINUM BEST IN SHOW）。这是中国葡萄酒在DAWA赛事中获得的最高级别的奖项！建庄20年的怡园酒庄用一支独具中国风格的马瑟兰佳酿，向世界葡萄酒业交出了一份漂亮的答卷。

怡园庄主珍藏系列

　　"庄主珍藏系列"是怡园酒庄创办人陈进强先生以自己的名字和名誉作产品质量保证的顶级系列产品，由酒庄首席酿酒顾问刘致新先生亲自参与调配。从第一年份（2001年庄主珍藏CHAIRMAN'S RESERVE）的酿造至今。该款系列的酒不是每年都出，是限量又难得的怡园佳酿。"庄主珍藏"曾亮相保利香港2015春拍"中西名酒珍酿专场"，所有拍品悉数成交，开创了中国葡萄酒跻身国际顶级葡萄酒拍卖会的先河！

怡园美酒深得酒友们的喜爱，且看网友们都是如何评价的：

@在别处

少庄主的真诚和坚持，已经通过怡园美酒的品质完美地体现出来了，能遇到这样真诚的人、真诚的酒，实乃人生一大幸事！

@红酒皓

怡园的杰作！产区的骄傲！中国的代表！伟大的事业！不可思议的传奇！只用20年就打造成领衔国内、扬名国际的精品酒庄，怡园可谓是史诗般的传奇。

@G***Y

作为一名中国的红酒爱好者，能喝到一支在自己的国家用本土种植的葡萄酿出的品质如此好的红酒，能让我与喝了法国等国家的进口红酒一样地充分享受微醺之美，今晚我真是太开心了，这就是怡园酒庄的珍藏赤霞珠，只要文化与理念正确，中国也能酿出高品质葡萄酒。

@茗舞

心血和历史铸就了怡园，不能用钱来衡量。铸剑大师欧冶子十年磨一剑，铸就天下第一剑"湛卢剑"。如果他把铸湛卢的时间拿去做其他赚钱的事，就没有湛卢剑了。路难时间久，最是折磨人。怡园的坚守让人感动钦佩，但坚持就是胜利，就像塞罕坝的林海。加油！

@浙江，小毛

怡园酒庄，非常感谢你们的热情邀请！能有缘接触到贵庄的葡萄酒是件幸事，通过淘宝和京东商城的旗舰店购买到庄主珍藏系列葡萄酒深得朋友的喜欢，德宁起泡酒的温情故事让我着迷。少庄主的亲笔明信片让人意外地感动，已成为我的收藏品。由于时间的关系，无法到贵庄见证20周年庆典，真的非常遗憾。相信在庄主和少庄主的率领下，贵庄一定能生产出更好的葡萄酒供大家品尝。虽不能至，心向往之。恭祝酒庄年年都有好收成！

除了美酒，让到访客人念念不忘的当然还有庄园的美味菜肴，既有本地太谷大厨掌勺的山西特色风味菜又有专业的西餐料理，可谓中西合璧。独具山西风土特色的"八碗八碟"，诸如怡园小酥肉、红烧肘子、蚝油牛肉、手抓羊肉、野菜饺子、怡园饼等，这些地道的家常菜也只有亲自到酒庄才有机会品尝得到！在庄园户外，大家围坐在一起，手持一杯美酒，观赏着怡园的自然美景，多么心旷神怡！晚上还可直接住宿在酒庄，你有更多的时间亲近这里的人们，体味怡园文化！

"人说山西好风光"，
来怡园还可以到山西晋中各处走走，领略山西大美风光。
从酒庄步行三十分钟到酒庄边上的大峡谷，
可以近距离一睹山西的黄土高坡风貌。
清晨或是黄昏时的景色最不能错过，一座座黄土小山上是缕缕烟霞。
除太行山大峡谷外，还有平遥古城、榆次老城、乔家大院……
山西的面食文化"一面百样、一面百味"的境界，要是探索起来真是无穷尽！
爱美食美酒的朋友们，即刻收拾行囊准备出发吧！
愿你归来，更加热爱美酒和懂得享受生活！

自驾导航地址： 山西省太谷县任村乡东贾村

美妙旅程，敬请垂询：

电话：0354-6449388/6449188
邮箱：contact@grace-vineyard.com

温馨提示：
请提前一周进行预约，以便我们为您安排接待。

P. 136

来瑞那城堡奔跑吧!

Come and Run in Château Rena

酒庄志 Winery Profile

创立时间：2010年4月12日
所在地：陕西省西咸新区秦汉新城
资金投入：8.9亿元
酒庄面积：1100亩
葡萄基地面积：800亩
主栽品种：赤霞珠、蛇龙珠、美乐、贵人香、佳丽酿
标志性建筑：意大利托斯卡纳风格城堡

　　还记得2015年10月13日的《奔跑吧兄弟》节目在哪里录制的吗？没错，就是在陕西张裕瑞那城堡酒庄。这档真人秀节目都是在旅游城市或景点取景拍摄，这也使得他们所到的景区备受游客欢迎。如果你还没想好去哪里旅游的话，不妨跟着"跑男"们的脚步，来一次城堡深度游吧！

"渭城朝雨浥轻尘，客舍青青柳色新"，在唐朝，"渭城"是唐太宗李世民的皇家葡萄园所在地，千年之后，这里建造起一座意大利古典托斯卡纳风格的城堡——张裕瑞那城堡酒庄。

瑞那城堡的前世今生
The backstory of Changyu Rena

▶ 酒庄首席酿酒师 奥古斯都·瑞那

　　酒庄以意大利瑞那家族命名，家族传人奥古斯都·瑞那先生任酒庄酿酒师。要说起瑞那家族的酿酒历史，可追溯至文艺复兴时期。相传达芬奇的弟子为萨诺圣母教堂作壁画，为了画好圣母玛利亚，他请到了一位女店主做模特。一天，女店主带来一款酒请他品尝，浓郁醇厚的美酒激发了画家的创作灵感，成就了一幅世界名画。后来一名名叫乔瓦尼·瑞那的意大利商人得到了这款酒的配方，命名为"DISARONNO"，含义是"来自萨诺"。以"DISARONNO"起家的瑞那家族，经过代代人不断发展，成为意大利知名的酿酒世家。

　　"劝君更尽一杯酒，西出阳关无故人"，这里的"酒"经过专家考证，极大可能为渭城葡萄酒。说起瑞那酒庄所在的渭北葡萄酒产区，与烟台、新疆、宁夏等葡萄产区相比，知名度还不够高，但在20世纪90年代，西北农林科技大学李华教授让渭北产区再次进入了人们的视线，他经过考察和研究，提出我国四大优质葡萄酒产区——宁夏贺兰山东麓、陕西渭北旱塬、甘肃河西走廊、四川攀西地区。

　　说起渭北地区，属于黄土高原丘陵地带，这里土层深厚，有机物和矿物质含量都很高，加之日照充足和昼夜温差大，非常利于糖分的积累，使得酿酒葡萄的品质有了保障。意大利酿酒世家——瑞那家族经过细致的考察后认为陕西的土壤状况与托斯卡纳南部十分相近，且张裕公司作为全球第四大葡萄酒企业，拥有百年的发展历史和深厚的文化底蕴，与瑞那家族所秉承的酿酒理念一致。于是双方一拍即合达成合作协议，投资8.6亿元人民币建成了规模宏大的张裕瑞那城堡酒庄。

　　瑞那酒庄是张裕公司在全国布局很重要的一部分，酒庄充分利用渭北优越的风土条件，从葡萄基地、原酒发酵到酒庄生产建立全产业链，旨在酿出高品质酒庄酒。并与周围的怡园酒庄、戎子酒庄一道，勾勒出一个新兴产区的崭新面貌。

玩转瑞那城堡
Play the Rena castle

到底张裕瑞那城堡有什么地方吸引"跑男团"穿越回民国？张裕瑞那城堡整体的建筑风格属于意大利托斯卡纳城堡式，庄园占地1100亩，锦绣葡萄园风光、欧式城堡建筑和浪漫艺术雕塑共同勾勒出一幅曼妙的欧洲艺术油画。周末来这里品品酒，散散步，想想就舒服得不要不要的。

远远看去，瑞那城堡的围墙像极了西安城内的老城墙，沿着花园走入主城堡，葡萄酒世界的大门在我们面前缓缓打开。映入眼帘的是红色房顶和明黄色的墙面，在阳光的映衬下，散发着意大利的古韵，仿佛将游人带回了欧洲中世纪。

葡萄园中的葡萄散发着宝石般的色泽，随风扑鼻而来的葡萄果香让人陶醉。700余亩的酿酒葡萄园，美乐、赤霞珠等在这里都有种植，此外还有100余亩鲜食葡萄园，种植了将近60种鲜食葡萄，在葡萄成熟的季节，这里就成了游客们欢乐的海洋。

游瑞那城堡酒庄，15800平方米的地下酒窖是必看的。酒窖内陈酿了不同葡萄园、不同葡萄品种的原酒，用以增加葡萄酒风味的复杂性，达到最佳平衡度。此外酒庄还有独具特色的葡萄酒观光线，想参观葡萄酒生产过程的游客，在玻璃廊桥上就能清楚地看到脚下葡萄酒自动化生产线，了解葡萄酒的生产工序。最后在"快乐梦工场里"，游客更可以亲自走进生产车间，自己动手灌装一瓶葡萄酒，贴上自己的照片，得到一瓶独一无二的馈赠佳品。既长知识又亲自参与，可谓一举两得！

除了葡萄酒的灌装，葡萄酒的品鉴在张裕瑞那城堡内，也被一系列高科技的电子设备直观展示出来，如"快乐的鼻子"通过进口的酒鼻子所展示的54种不同的酒香，让游客更进一步了解葡萄酒的香气。"葡萄酒的颜色"让游客了解如何根据葡萄酒的颜色来判断葡萄酒的年龄。"舌尖的秘密"让游客了解味蕾在舌头上的分布区域以及应该用舌头的什么部位来品酒。"转变的魔力"则让游客通过显微镜及一系列的微生物实验，了解葡萄汁是如何在大自然的作用下变成美味的葡萄酒的。

在《奔跑吧兄弟》节目中，有一个项目可把ELLA、柳岩吓到"花容失色"，这个就是酒庄为游客准备的"黑暗骑乘之酒窖探险记"。这个项目是由美国迪士尼团队打造的大型冒险项目，以烟台张裕地下酒窖建立的艰辛历程为背景，加上"声""光""电"等特效，让游客体验到一段既感动又难忘的酒窖历险。

此外，讲述中国酿酒人自强不息的史诗故事——4D影院《传梦》也值得一提。通过穿越的方式让游客欣赏到张裕各大酒庄的唯美风景，影片还采用了吹风、喷水、烟雾、气泡、气味等多种效果。

当厌倦了国内婚礼的千篇一律，毫无新意的流程，不妨来这里试试城堡婚礼。被誉为"最美的婚庆拍摄基地"的瑞那城堡酒庄，在爱神广场和各个园区节点都有以爱情或葡萄酒为主题的雕塑群体，新人们可以尽情地拍拍拍，留下属于自己的爱情印记。除了唯美大气的摄影场景外，还有高格调的宴会厅，足以让您拥有一场完美婚礼。

秘·换桶酿造的艺术

Secret · The art of changing the bucket

1912年8月22日《申报》电："孙中山于20日夜抵烟，翌晨入港，各界派代表登安平轮迎接。"在平安抵达烟台后，孙中山参观并品尝了张裕的美酒，并挥笔题赠：品重醴泉，盛赞张裕葡萄酒的质量。在随后的百年间，张裕已发展成为多元化的集团化企业，是中国最大的葡萄酒生产经营企业，但质量始终是其坚定不移的信仰和孜孜不倦的追求。

如何使葡萄酒品质更有保障？使葡萄酒更加平衡？张裕瑞那酒庄酿酒师在这上面花费了不少心思。他们不仅对葡萄植株悉心栽培，还拿出瑞那家族独传的"换桶酿造"技艺，让我们来了解一下吧。

何为"换桶酿造"呢？通俗点说，换桶酿造就是根据每年葡萄及葡萄原酒的特点，选择适合的橡木桶种类与其搭配，最终通过调配，酿造出香气丰富复杂的张裕瑞那城堡酒庄酒，达到葡萄酒在成熟过程中的完美平衡。

张裕瑞那城堡酒庄首席酿酒师奥古斯都·瑞那认为，"换桶酿酒"不是简单的数字排列组合，而是强调葡萄酒风味与橡木桶的协调与平衡。酿酒师要像交响乐团的指挥家，根据每个年份谱出不同的乐章。

唯美酒美食不可辜负

The delicious food can not be lived up to

西安作为六朝古都，美食集全国之精华，并把历代宫廷小吃的技艺加以融合，以品种繁多、风格各异而著称。

锅盔牙子

作为咸阳具有代表性的传统名吃之一，已经有2000多年的历史，相传秦始皇遍搜民间佳肴，除了宫廷享用外，还犒劳有功的三军将士。

羊肉泡馍

在陕西，羊肉泡馍妇孺皆知，当地人视为美食，它也是陕西传统风味小吃的"总代表"。

肉夹馍

广受欢迎的肉夹馍，是古汉语"肉夹于馍"的简称，地道的腊肉色泽红润，酥软香醇，肥肉不腻口，瘦肉满含油，美味无穷。

凉皮

凉皮是一种凉拌着吃、口感绝佳的西北面食小吃，黄瓜绿、辣椒红，好吃又好看，成为老少皆宜的消暑食品。陕西凉皮分为米皮和面皮两大类，凉皮"筋""薄""细"，受到民众的广泛欢迎。

游玩张裕，一定别忘了品味瑞那酒庄大名鼎鼎的"张裕瑞那菜系"，据介绍，这里的菜融合了国宴、粤菜、鲁菜及陕西当地特色菜，可谓是一应俱全。此外，既然来到了充满意大利风情的酒庄，意大利托斯卡纳的美食也不容错过：佛罗伦萨牛排和宽面条，撒欢吃吧！

瑞那城堡不光有美景，更有不得不品的佳酿。瑞那干红主要以赤霞珠和美乐为主要原料，酒体醇厚、协调，是一款复杂平衡又不失层次感的葡萄酒。这款酒得到了许多世界葡萄酒大师的称赞，OIV主席罗伯特曾经评价道："张裕瑞那城堡酒庄葡萄酒拥有优雅的果香和愉悦的烟草味，入口醇厚，结构精巧。"快来张裕瑞那一品究竟吧。

旅游小贴士：

酒庄地址：陕西咸阳市渭城区渭城镇坡刘村东100米
问询电话：029-32085888　029-32086888
游玩路线：

门口（接待城堡）→ 售票处 → 爱神广场（辉煌雕塑、喷泉、爱神厄洛斯雕塑等）→
生生不息 → 法桐路（葡萄观光园）→ 爱的许愿池（汉白玉雕刻LOVE主题墙）→
鲜食葡萄采摘园 → 儿童乐园 →（劳动者雕塑）→ 主城堡（预演厅→4D传梦影片 →
葡萄酒秘密展厅 → 实业兴邦 → 金奖传奇 → 老上海 → 品重醴泉 → 解百纳展厅 → 领导关怀 →
企业荣誉 → 名人与张裕休息厅 → 全球战略 → 百年大事记 → 瑞那传奇 → 酿造车间 →
酒罐里的秘密 → 化学试验室 → 生产线 → 酒窖迷宫 → 地下大酒窖 → 艺术长廊 →
老工具展示 → 贵宾储酒领地 → 5D动感骑乘 → 梦幻葡萄酒大学 →
葡萄酒商业街 → 红酒DIY）→ 春华秋实雕塑 → 水系（国槐路）→ 爱神广场

西安自驾游路线：沿草滩八路向北直行，至西部芳香园，继续向北大约150m处路口左转进入旅
　　　　　　　　游路，沿旅游路向西直行约5千米即可到达。
咸阳自驾游路线：沿迎宾大道向北直行，至陵照转盘（转盘中央有九匹马雕塑），转盘向东约5千
　　　　　　　　米到达。
乘车路线：咸阳市内16路公交车，至渭城镇政府站下车，可到达酒庄附近。

飞机

　　西安咸阳国际机场位于西安市西北、咸阳市东北，有往来国内各大城市以及日本、泰国、韩
国等国家的众多航线。机场距西安市中心47千米、咸阳市区13千米，有机场高速公路连通。机场
大巴从机场发车时间为随航班动态发车。机场大巴1号线—6号线为开往西安市的线路，7号线为
开往咸阳市区的线路。

火车

　　咸阳位于陇海铁路干线和咸（阳）铜（川）线、西（安）韩（城）线交汇处，有前往全国多
个大中城市的列车经过，但基本没有始发列车。咸阳市火车站位于渭城区抗战路上，地处抗战路
与人民东路路口以北70米处。乘坐1、5、8、9、10、12、16路公交车可到，市区内打车前往参考
车费为5～8元。

客车

　　咸阳长途汽车北站的班车主要发往西安、渭南、铜川以及省外方向；咸阳长途汽车南站的班
车主要发往省内的周至、户县、蓝田、阁良等地，此外也有到延安和渭南部分县城的班车。

宁夏贺兰山东麓产区

张裕摩塞尔十五世酒庄
长城天赋酒庄
贺兰晴雪酒庄
禹皇酒庄

The Eastern Foot of Helan Mountain in Ningxia

宁夏有着丰富的民族文化和优美的自然风光。美丽的塞上江南、古老的黄河文化，还有风光旖旎的贺兰山以及依山而建的一座座葡萄酒庄，无不让人流连忘返。

自北向南从石嘴山到红寺堡，大大小小的酒庄是当地的一大旅游特色。从张裕摩塞尔、长城云漠等国内大品牌，到贺兰晴雪、禹皇酒庄等中小品牌，都严格遵照酒庄建设的规范要求，酿造出了世界级的美酒佳酿，为旅游爱好者提供了最佳去处。

在宁夏最有异域风情的当属张裕摩塞尔十五世酒庄，这是一座拜占庭式建筑风格的水上城堡，酒庄与以葡萄种植见长的欧洲酿酒世家摩塞尔家族合作。酿造的张裕摩塞尔十五世酒庄葡萄酒是为数不多在海外畅销的中国葡萄酒品牌之一。

在历史古迹西夏王陵的西北方，坐落着一座现代化的葡萄酒庄——长城天赋酒庄。或许只有贺兰山宽广的胸怀才能让二者毫无违和地出现在世人面前，天赋酒庄山体形的外观与贺兰山融为一体，透过酒庄的玻璃窗，西夏王陵及远处的城镇尽收眼中。一杯美酒细细品，怀古感今任徜徉。

贺兰晴雪酒庄是宁夏首家示范性的酒庄，其初衷是打造贺兰山东麓科技示范园，挖掘和展示贺兰山东麓葡萄酒的优势资源。2011年，贺兰晴雪加贝兰葡萄酒在品醇客葡萄酒大赛（DWWA）中获得国际金奖，让贺兰山东麓进入了世界葡萄酒版图。

大禹治水的传说耳熟能详，青铜峡几十里的黄河峡口正是当年大禹治水的地方。为了纪念和弘扬大禹治水的精神，一个心怀梦想的家族在这里建立了禹皇酒庄。古朴的徽式建筑坐落在葡萄园的中间，"以德治酒"的古训早就成为了酒庄人的规范，四合院式的民居可以小住，满院子的果树和鲜花等着你去欣赏。

到摩塞尔十五世酒庄
享受一段美酒旅程

Enjoy A Wine Journey in Château Changyu Moser XV

酒庄志 Winery Profile

创立时间：2012年
所在地：银川市西夏区经济开发区六盘山路359号
资金投入：7.9亿元
酒庄面积：1300亩
葡萄基地面积：8万亩
主栽品种：赤霞珠、美乐、西拉、蛇龙珠、霞多丽、贵人香
标志性建筑：主楼主体建筑、品鉴中心
酒窖面积：3600平方米

　　提起中国葡萄酒，张裕是毋庸置疑的NO.1品牌，张裕公司成立于1892年，是中国第一个工业化生产葡萄酒的企业。曾被 *DRINK INTERNATIONAL* 杂志评选为全球50个最受欢迎的葡萄酒品牌，目前是全球排名第四、亚洲排名第一的葡萄酒企业。就是这样一个中国葡萄酒界的巨头，选择在贺兰山下建一座酒庄，并将之定位成张裕旗下最高端的酒庄。它的建筑富丽堂皇，被人誉为"水上城堡"，成为影视剧、婚纱摄影的拍摄圣地；它的内部主题多多，传统与现代并存，美酒与文化起舞，让无数游人流连忘返；它的产品品质优异，其酒庄酒在海外火遍社交平台，被"歪果网友们"奉为来自中国的网红酒。DUANG～DUANG～DUANG～DUANG，隆重登场，它就是张裕摩塞尔十五世酒庄（以下简称"摩塞尔"），在宁夏探访最高大上的酒庄，去摩塞尔酒庄准没错儿！

▶ 酒庄首席酿酒师 罗斯·摩塞尔

摩塞尔与贺兰山

张裕偌大一个葡萄酒集团公司为什么选择在宁夏建造这样一座酒庄，并命名为"摩塞尔十五世"，这是很多到访者共同的疑问。

原来，早在酒庄建设之初，张裕公司便与以葡萄种植见长的欧洲酿酒世家摩塞尔家族合作，聘请其第十五代传人罗斯·摩塞尔担任酒庄首席酿酒师，并以此为酒庄命名。摩塞尔家族酿酒历史可追溯至17世纪，而罗斯·摩塞尔的祖父被称作"现代葡萄种植之父"，由他发明的现代棚架种植法意义深远，是人类首次让葡萄树站起来生长，大大提升了酿酒葡萄的品质，并在欧洲掀起了一场葡萄园的革命，其著作《葡萄种植》（WEINBAU EINMAL ANDERS）被翻译为17种外国语言出版，被誉为"葡萄栽培的圣经"。

世界那么大，种植酿酒葡萄的产区那么多，为何摩塞尔家族选择了在宁夏与张裕合作？

那就要提到贺兰山东麓独特的风土条件了。据说，当罗斯·摩塞尔第一次来到宁夏时，就被这里独特的气候条件所震撼，面对奥地利《新闻报》的采访，他对贺兰山东麓产区不吝溢美之词："这里每年有超过3000小时的光照，而法国的波尔多每年只有2200小时。在欧洲，葡萄园基本都生长在海拔200～500米的地方，但是这里的海拔有1100米高，非常适合高质量酿酒葡萄的种植与生长。"宁夏张裕葡萄种植有限公司自2006年开始在宁夏发展葡萄基地，截至目前，已经在青铜峡、黄羊滩等地拥有8万亩葡萄基地。宁夏贺兰山东麓得天独厚的自然条件为摩塞尔酒庄酿造出高品质的葡萄酒提供了充足的原料保障。

迄今为止，这位61岁的酿酒师已在宁夏度过了5年的酿酒时光，虽然从2005年起，罗斯·摩塞尔就已经开始为张裕担任酿酒顾问了，但是摩塞尔酒庄的建成，让他距离梦想又进了一步，"我希望能在中国最好的葡萄园，将种植细节做到极致，就像我的祖父曾经做过的那样。我相信中国的土地一定能酿出世界顶级葡萄酒"。

水上城堡 爱之仙境 ◦

当车在银川经济技术开发区六盘山路上行驶，眼前突然出现一座欧式城堡时，张裕摩塞尔十五世酒庄便到了。酒庄占地1300余亩，由现代化的葡萄酒生产园区和古堡酒庄园区组成，集旅游、葡萄酒赏鉴、葡萄酒窖藏、葡萄酒文化宣传、会务接待等功能于一身。品鉴中心面积达5000余平方米，主要经营葡萄酒主题餐饮、高端商务接待。更值得一提的是，摩塞尔还是宁夏首家葡萄酒工业旅游目的地、唯一的葡萄酒产业链示范区及葡萄和葡萄酒主题公园。

许多人尚未踏进庄园，便被其磅礴气势所震撼。大门两侧高耸的方尖碑体预示着这里充足的阳光为葡萄生长提供了光照条件，大门正对着酒庄城堡主楼，远远望去，在盈盈日光下显得美好而又神秘。酒庄主楼前一连串的喷泉将大门与主楼相连，水景两侧的数组天使戏水雕塑惟妙惟肖，四周袅袅烟雾萦绕，虚无缥缈。酒庄主楼为拜占庭式建筑风格，四面环水。如果有幸遇到雾化模式开启，瞬间让人有一种置身人间仙境的感觉。整个园区景观借鉴了银川湖泊湿地众多的"七十二连湖"，彼此沟通相连，不仅有古典的欧洲建筑，还有宁夏当地的本土气息，中西融合，相得益彰。

葡萄园环抱着酒庄，这里不仅有酿酒葡萄名种，还有一些供游人采摘的鲜食葡萄。葡萄园旁的品种介绍牌上详细记录着每一个品种的历史、生长习性和风格特点，轻轻松松GET到知识点！摩塞尔酒庄主楼面积13000平方米，分为四层，地上三层，地下一层。一层有接待大厅、灌装生产线、影视厅、"红酒DIY"制作区；二层为张裕故事、张裕历史文化博物馆、红酒秘密、葡萄酒科普互动厅、专业品酒室；三层为多功能区，包括葡萄酒大学、OIV教室、会议室；地下一层为酒窖迷宫和贵宾品酒室。漫步在酒庄内，经常会看到一些拍摄婚纱照的新婚夫妇，正是酒庄浪漫的氛围让他们纷纷选择于此。水中的城堡、成片的葡萄园、洁白的婚纱，把这一生最美的一刻定格，空气里仿佛都弥漫着爱的味道。

摩塞尔酒庄奇遇记

　　庄园西侧，一座长达200米的空中酒廊把酒厂与酒庄串联起来，这条世界上最长的空中酒廊两侧展示了张裕公司的发展历史、酒庄布局、明星葡萄酒产品等。踱步其中，仿佛置身于葡萄酒历史、文化、艺术的"时空隧道"。

　　穿过空中酒廊进入酒庄发酵车间，一座球幕影院进入视野，它是目前中国西北地区首家投入运营的球幕影院。球幕影片是由著名音乐人作曲，亚洲爱乐乐团演奏，也是中国第一部原创葡萄酒主题球幕电影——《摩塞尔王国奇遇记》。影片以动画的形式，运用实景与动画相结合的方式讲述了一段惊心动魄的奇幻之旅，通过主观——客观视角的不断转换，让大家充分体验葡萄从采摘、发酵到陈酿的全过程，将葡萄酒的微观世界用高科技手段呈现在世人眼前。

　　告别球幕影院，穿过主楼的神秘大门，是一个古朴而华丽的大厅，穹顶上是关于葡萄酒农一年辛勤劳作的壁画，春耕夏剪，秋收冬藏，一种莫名的仪式感扑面而来，像是走入葡萄酒的教堂一般，心灵也随之虔诚起来。从大厅进到一层的生产参观通道感觉似乎完成了一次穿越——古老城堡里还藏着一条现代化的酿酒生产线。透过大型的玻璃窗可以观看酒庄的整个灌装线，包括洗瓶、灌装、压塞、封帽、贴标等多个过程。

　　酒窖是一个"见证奇迹发生"的地方，走入昏暗幽深宛如迷宫的摩塞尔十五世酒庄酒窖，一丝凉意伴着酒香徐徐而来，葡萄酒在这里沉睡，经历蜕变，等待绽放。走入酒窖就如同走入了婴儿的房间，让人不由自主地放低音量，轻手轻脚、低声细语，似乎怕惊到沉睡中的葡萄美酒。这个宁夏最大的地下酒窖温度常年保持在14~16℃，湿度70%~80%，采用的是世界先进的管理模式。这里存放着1350只橡木桶，都是张裕公司从法国、美国等国外著名的产地进口而来。

博物馆 VS 科技馆

　　城堡的二楼是葡萄酒主题博物馆和葡萄酒科技馆，这是摩塞尔酒庄的文化核心板块。葡萄酒文化博物馆由序厅、宁夏产区厅、传奇厅、品重醴泉厅、巴拿马厅、历史拾遗厅、光辉岁月厅以及科普互动厅组成。这里展示了许多张裕公司从1892年建立以来的老照片和文物，有张裕辉煌的过去，也有近来国际上取得的一些成绩。在序厅，首先映入眼帘的是一幅铜雕世界地图。上面"1892""2012"的铜雕字格外显眼，1892年是张裕公司初创时间，2012年则是宁夏张裕摩塞尔十五世酒庄建成之年，两个节点刚好为两个甲子。从张弼士振兴实业到中国葡萄酒的高速发展，张裕已经风雨兼程走过了120多年，也见证了120多年。

　　张裕的创始人张弼士先生1841年生于广东梅州大埔县，鼎盛时期资产达8000万两白银，富可敌国。光绪皇帝和慈禧太后先后三次召见了张弼士，颁布了八道圣旨对他进行嘉奖。1915年，《纽约时报》将他称为"东方摩根"和"中国的洛克菲勒"。历史的烟云在这里汇聚，在这里可以看到孙中山先生亲笔题赠的"品重醴泉"，这也是孙中山先生一生之中唯一一次为企业题词，这幅字现在已经是国家一级文物，真迹现收藏于烟台市博物馆中。在张裕发展的过程中，得到过盛宣怀、李鸿章、王文韶、翁同龢、张学良等人的鼎力相助。1932年，张裕公司创办40周年之际，少帅张学良题词"圭顿贻谋"，借此赞扬张裕公司经营有方。

　　转入一条长廊，定睛一眼却是一艘船的甲板，两边是碧海蓝天，随着汽笛拉响，游轮驶出港湾，海鸟声、波浪声传来……再现了当年张裕葡萄酒远赴巴拿马参加万国博览会时的情景。如今，张裕摩塞尔酒庄酒登上了著名的"玛丽女王2号"游轮，每年都随着游轮环游世界，招待各国游客，百年前的海上传奇得到了延续！

走下游轮，走进乐园。葡萄酒科技馆里趣味互动多多。

想当一回真正的酿酒师吗？想体验一次酿酒过程吗？

"葡萄园梦工厂"互动游戏让你体验个够。

站在特定感应区，张裕的吉祥物小麒麟会引导着我们到达工具房，

工具房内显示各种葡萄植株、劳动器具、葡萄种植方法等，

接下来游客就可以到葡萄园劳动了，通过模仿锄地、浇水、除草和收获环节，赢取张裕金币。

为了更好地说明葡萄酒的酿造过程，游客可以通过"按手印"的方法，

让葡萄酒酿造流程走一圈，简单明了，也加深了记忆。

　　拿起复古电话机的听筒，去聆听张裕和摩塞尔酒庄的历史；打开香气桶，去猜一猜是什么味道；摸一摸快乐的大嘴，舌头不同的位置有不同的反馈；葡萄酒与美食则告诉我们如何更好地进行餐酒搭配，点点滴滴都传递着丰富的葡萄酒文化。如果带上小朋友一块来玩儿，葡萄主题互动游艺馆是必去之地。这里采用很多新技术设计了很多的互动小游戏，让大人和孩子在玩游戏的同时，还能深入浅出地了解葡萄酒的知识。如果一次没有体验尽兴，不用担心，每年摩塞尔酒庄都有丰富的体验活动，每年七月开始举办鲜食葡萄采摘节活动，涵盖葡萄采摘、市民品酒节、品酒课堂等活动，吸引广大市民参与体验；酿酒葡萄成熟季可以到园区内体验手工自酿葡萄酒活动；酒庄还为孩子们量身打造了亲子体验项目——小小红酒西点师，受到广大儿童及家长喜爱。

　　来看看广大游客们、到访名人都是怎么评价张裕摩塞尔十五世酒庄之行的吧！

@齐少NOEL：张裕摩塞尔酒庄很气派，设施很到位，观光与体验一起。在LAURANZ MOSER的酒庄，他俨然是一位吉祥物，认出他的人都找他合影拍照。他说，下定决心来宁夏酿酒是很严肃的事，要延续欧洲风格，2009年与2010年的酒已经有细致均衡的酒体了！

@探幕：摩塞尔的城堡很漂亮，是我在中国体验葡萄酒旅游最棒的一家。酒庄用赤霞珠酿造白葡萄酒的创意非常有想象力，中国葡萄酒需要这样的创新能力。

邂逅美酒与美食 ○

　　宁夏张裕摩塞尔十五世酒庄的抢眼表现，也引发了国际权威媒体的关注。2013年，英国《金融时报》发表文章介绍"中国最好的葡萄酒"，排在第一位的正是宁夏张裕摩塞尔家族2008年份干红。同年，美国《时代周刊》发表了一篇题为《葡萄酒世界正在扩张——你想来杯张裕红酒么？》的文章，在文中特别提到了来自宁夏的张裕摩塞尔十五世酒庄干红，称"这款酒很容易让人误以为这是一款来自波尔多的产品。"

2008年份张裕摩塞尔家族干红葡萄酒

　　这是酒庄的大名鼎鼎的正牌酒。世界三大酒评家之一、葡萄酒大师杰西丝·罗宾逊在品鉴了这款酒之后表示："贺兰山东麓产区的葡萄原料高品质始终如一，令人难忘，这款葡萄酒具有诱人的果香，天然的酸度适中，氧化合适，平衡性好，入口干净，表现力强，相比大多数中国葡萄酒来说，这款酒让我非常喜欢。"

2013年份张裕摩塞尔十五世酒庄干红葡萄酒

　　"深色水果和血橙的香气。入口的酸度绽放成为优雅的树莓果味和薄荷的气息。黑巧克力和牛奶巧克力的滋味赋予这款酒更多层次，细腻的单宁赋予了这款酒架构。口感顺滑，以酒精的温暖口感收尾。"这段精彩的酒瓶是《品醇客》酒评人JAMES BUTTON给出的，尽管这只是酒庄的入门级葡萄酒之一，但国际葡萄酒权威媒体《品醇客》却不吝赞美，给出了89分的高分评价。

2016年份张裕摩塞尔赤霞珠"黑中白"干白葡萄酒

　　这是张裕摩塞尔十五世酒庄酿造的一款颇有话题性的"黑中白"赤霞珠白葡萄酒，按照我们通常的思维，红葡萄大都酿造红葡萄酒，但张裕摩塞尔却独辟蹊径，用红葡萄酿造了一款白葡萄酒。抽走压破葡萄后流出的清澈果汁，拿来做一款"白"赤霞珠，剩下更加丰满的果汁用来酿造"红"赤霞珠。不仅诞生了一款全新的产品，更进一步浓缩了"红"赤霞珠的风味。

　　酒庄主楼东侧配套建有味美思品鉴中心，品鉴中心面积近6000平方米，这里配有葡萄酒主题餐饮、高端会务休闲场所。在这里你不仅可以品鉴大师和专家推荐的各色酒款，还能尝到各式特色菜肴。有地道的宁夏手抓羊肉，也有法式浪漫的西餐牛排，想吃什么都随你，想喝哪款由你定！

/旅游指南/

　　张裕摩塞尔十五世酒庄是国家4A级景区，门票80元（持"宁夏自驾游护照"可免门票），有专业的导游引领讲解。

交通——银川是宁夏省会，交通十分便利，火车、飞机、长途车均能抵达银川市区。摩塞尔酒庄就在城市边缘，从市区出发打车前往酒庄最方便，30元即可抵达。不过租车自驾或包车前往更省时、便捷，所以出发前一定要做好行程规划。
自驾游导航地址：银川市西夏区六盘山路359号（南绕城文昌路路口下高速第一个红绿灯向西转500米）。

住宿——选择住在银川市区是最佳选择。在住宿的区域选择上，可以选择人文古迹较多、热闹繁华的兴庆区，也可以选择交通便利、设施发达的金凤区，如果嫌远，可以选择就近住在西夏区的几所大学附近。

周边经典推荐——宁夏也是旅游资源丰富的地方，来到宁夏品美酒、尝美食，也一定要去赏美景。西夏王陵、镇北堡影视城、贺兰山岩画风景区、沙湖、中卫沙坡头……数不胜数。

有天赋 敢追梦

Château Greatwall Tianfu Born to be bold

距今近1000年的宁夏平原上，西夏古国曾一度崛起，
而后又消失在漫漫历史长河里。
西夏文明虽昙花一现，但留下了让人琢磨不透的西夏文字和神秘的西夏王陵。
岁月如梭，如今的西夏王陵早已不再寂寞，
一株株葡萄树开枝散叶，一座现代化的葡萄酒庄拔地而起。
天与山的交错，风土与人文融合之所，这就是天赋酒庄。
长城葡萄酒是贺兰山东麓下的一颗瑰宝，
探寻天赋，必将给你带来不一样的旅程。

酒庄志 Winery Profile

创立时间：2010年
所在地：宁夏回族自治区银川市永宁县境内
资金投入：5.3亿元
酒庄建筑面积：4.3万平方米
葡萄基地面积：22600亩
主栽品种：赤霞珠、梅鹿辄、黑比诺、品丽珠、西拉、贵人香、
　　　　　雷司令、泰纳特、丹菲特、马瑟兰等
标志性建筑：葡萄园、云漠路、酒庄主体建筑、生产车间、
　　　　　地下酒窖

　　2018年6月，长城将原云漠酒庄更名为天赋酒庄，配合天赋品牌的系统性占位和推广。

世人惊叹的明星酒庄

巍峨绵延数百里的贺兰山下如今酒庄众多，如果要说哪一个与高峻的贺兰山脉气质最相符，长城葡萄酒旗下的天赋酒庄首屈一指，造访过天赋酒庄的人没有一个不为它的雄伟气势所折服。

2009年，中粮长城集团被贺兰山东麓产区的自然优势所吸引，投下重金布局酒庄，在亿万年未曾开垦的处女地上建起了万亩葡萄园，缔造了这座世界瞩目的"明星酒庄"。

马永明，中粮长城天赋酒庄第一任庄主。2009年他受中粮集团任命赴宁夏建酒庄时，眼前只有一片亘古荒原。在葡萄酒纪录片《红色情结 (RED OBSESSION)》中，镜头记录下了天赋酒庄初建时的模样。在贺兰山下的

弥漫薄雾中，带着草帽，如同一介普通酒农的马永明对着镜头介绍着贺兰山东麓产区，介绍着天赋酒庄。彼时，他身后千亩葡萄树刚刚舒展开嫩枝，一个个巨大的、等待组装的发酵罐星罗棋布……

几年之后，这部纪录片风靡全球，更是在星光熠熠的2013年柏林电影节上首发公映，世界葡萄酒圈透过荧幕认识了中国的贺兰山，认识了天赋酒庄。当无数国际友人慕名造访天赋之时，全然被眼前的景象所惊呆——一条平坦的柏油路朝着贺兰山不断延伸，道路两旁万亩葡萄园碧波荡漾，长势良好的葡萄枝蔓在微风中尽情摇曳，路的尽头，一座气势雄伟如艺术品般的酒庄赫然矗立。

天赋葡园 / 生命之美

　　初识天赋的美，是万亩葡萄园的生命之美。天赋的酿酒葡萄基地建设在一片无污染、从未开垦的洪积扇荒原上，相较贺兰山东麓产区其他以沙壤土为主的葡萄基地，这里的土壤中暗藏着更多砾石，土壤中的矿物质含量更为丰富，有利于葡萄根系透气生长和葡萄果实糖分及风味物质的合成积累，这也为天赋酒庄酿制具有独具特色的葡萄酒提供了条件。

　　为了抗盐碱、抗寒和抗旱，天赋酒庄选用了成本较高但具有良好抗性的嫁接苗，两万亩葡萄园中采用嫁接苗繁育技术种植了黑比诺、品丽珠、梅鹿辄、贵人香、白诗南等十多种优质酿酒葡萄品种；为了防霜防冻，及更好地利用山洪，葡萄园采用深沟

浅栽的栽培方式，沟底离地面20～30厘米的距离，这样可以有效地保护葡萄根系，使之免受冻害；每当榨季结束，酒庄将酒泥进行技术处理，使其覆盖土壤，既改良了土质，又减少了环境污染。

　　"尊重自然，尊重客观规律，在此基础上才能更好地改造自然、利用规律为自己服务，这就是天赋酒庄的种植经"，仅用短短四年，马永明便带领团队种下了这片一望无垠的葡萄园，许多人称之为"奇迹"，马永明却常常淡然一笑，"这不过是个开始，未来的路还很长，我们的目标是酿造世界一流水平的葡萄酒，这需要我们所有人的共同努力和坚持。"

天赋，你融进了贺兰山

穿过葡萄园，就是天赋酒庄的主体建筑。有人说，天赋酒庄的外观像起伏的山脉，也有人说，像一艘乘风破浪的巨轮…… 被誉为"现代建筑的最后大师"的贝聿铭说："建筑是有生命的，它虽然是凝固的，但却蕴含着人文思想。"天赋酒庄便是这样一座艺术品，放飞每一位造访旅人的想象。

天赋酒庄以雄宏的贺兰山为背景，建筑特色汲取贺兰山灵性，以现代风格与贺兰山前后呼应，浑然一体。酒庄颜色以金色为主，形似金字塔，与不远处的西夏王陵遥相呼应；酒庄东面，黄河之水天上来，奔腾而过不复回；古老的明长城则屹立在南侧，葡萄园被环抱在正中间。云漠酒庄的建筑是割裂分离式的现代主义风格，几何线条勾勒出的样子如同贺兰

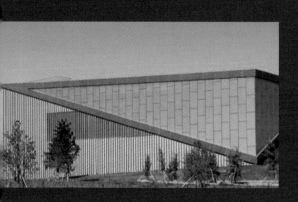

山的起伏，更神似一片平铺的葡萄叶子，设计师巧夺天工的建筑手笔将天赋酒庄完美融进了贺兰山的景色里。

小时候学诗词，读到王维"大漠孤烟直，长河落日圆"时，同学们都从诗中读出了苍凉、萧瑟之感，唯独笔者着迷于这首诗营造的唯美画面，仿佛那开阔的塞外风光近在眼前，蜿蜒奔流的长河，苍茫雄浑的远山。那种粗线条的自然之美笔者从未见过却被瞬间吸引，那曾是年少的梦里常常出现的画面，直到笔者来到宁夏，看到了与贺兰山融为一体的天赋酒庄，曾经魂牵梦绕的景色直抵心灵，耳畔又回响起那首《使至塞上》……

印象VS现实，光与影之歌

在天赋酒庄的游览是一场光与影的盛宴，酒庄多处合理地运用光影效果，营造出亦真亦幻的视觉氛围。一步入酒庄的大厅首先映入眼帘的便是意大利设计师的杰作，它的整体设计理念是两个对接的橡木桶，而橡木桶的正下方是一面水镜，正午的阳光透过穹顶撒进来照在水镜上，透过水镜直达地下9米的酒窖。这束光让地下酒窖的圆形空间瞬间变成一座罗马式的剧院，又像是一座具有现代化气息的教堂。空间比例的运用和不同室内高度的设计以及不同的色彩材质包括金属、水泥、红色的窗帘、深棕色的油漆，这些共同作用，营造出一种葡萄酒文化特有的神秘感。当置身酒窖之中，再抬头向上望去，可以看到蔚蓝的天空，这也正暗和了葡萄酒世界里的一句格言：葡萄酒是融于水里的阳光。

酒庄内另一处光影盛宴是"高端大气上档次"的沉浸式投影，也是天赋之行最值得体验的去处，在四面包围的3D立体空间影像展示系统的作用下，我们将以"上帝视角"来感受天赋酒庄极具视觉冲击力的建筑风格、宏伟大气的建设规模、高端先进的工艺技术和长城葡萄酒悠久的文化传承。

随着游览的深入，呈现在我们面前的是一条先"印象"后"现实"的参观之路。走入"天赋印象"，

长城葡萄酒的战略布局、天赋酒庄的发展历程和辉煌表现如史诗般娓娓道来。进入酒庄发酵车间，那里伫立着一排排高耸的发酵罐，一眼望去十分壮观，这实物部分让造访者亲眼看到、亲身体验到天赋酒庄葡萄酒的完整酿造过程，加之酒庄工作人员的风趣讲解，不仅找到了品质放心的葡萄酒，更收获了一箩筐专业知识，简直赚到！"让消费者自己去感受天赋的品质"，马永明认为好酒会说话，好的酒庄亦不需多言。

最后，沿着阶梯登上屋顶360°无死角的观景平台，万亩葡萄园、贺兰山脉以及远处的西夏王陵尽收眼底。而这些美景已经有许多访客亲身领略了，一起来看看他们的感受和推荐吧！

@方天BOS：今日有幸参观长城天赋酒庄，不禁对其种植、生产规模、葡萄酒酿造技术、窖藏叹为观止。真切感受到，葡萄酒既是一门科学，更是一门艺术。而葡萄酒品鉴不仅要了解葡萄酒的历史文化、葡萄的种植和其酿造工艺，更需要大量的品酒实践。

@断点1995：长城天赋酒庄，地处贺兰山脚下，一抹夕阳使她显得更为柔美，眺望远处的西夏王陵，油然产生了大漠情怀……

这里,有一群不会飞的超人

周杰伦在歌曲《超人不会飞》中自嘲没有特异功能,只有坚持去做音乐。坚持做一件事情并把它做好,实属不易。所以真正的超人,是面对诸多困难仍无所畏惧的人,是面对挑战仍迎难而上的人。在天赋酒庄,就有这么一群不会飞的超人,那就是天赋酒庄的酿酒师团队!

在长城天赋酒庄建设之初,就有很多研究生和本科生加入进来,他们不畏艰苦,始终坚持在建设的第一线,正是大家的共同努力才有了天赋酒庄现在的规模。超人力大无穷、飞天遁地,而天赋酒庄的酿酒师们则拥有着"重力酿造""柔性工艺"等超人能力。

这是怎样的本事呢?普通的葡萄酒酿造工艺一般是在水平地面将葡萄原料除梗破碎之后,依靠大功率泵将葡萄醪泵到十几米高的发酵罐里进行前发酵。在此过程中,由于葡萄醪比较稠,在提升至十几米高处的过程中受到巨大的外界的推力,葡萄醪损失了葡萄原有的香气,并且在泵的旋转过程中,螺杆泵的转子和定子容易碾碎葡萄籽,使葡萄籽中的劣质单宁释放到葡萄汁中,造成葡萄酒的苦涩味道,

影响酒质。而天赋酒庄的工艺设计是将除梗破碎机安置在高于地面十几米的平台上,先在地面对葡萄进行质量分选,然后使用传送带把葡萄提升到除梗破碎机,除梗后的葡萄依靠重力流到气囊压榨机中,在气囊柔和的挤压下,葡萄籽不会被碾碎,仅优质单宁参与发酵,保证了入罐葡萄醪的质量。看着天赋酒庄酿酒车间里一排排巨大无比的发酵罐,不由得对这个团队心生佩服。在如此大体量的生产规模下,他们却能酿造出酒庄级别的产品,这的确需要更先进精准的酿造工艺和更精细化的管理。

有人说,酿酒师就是陪着一款酒慢慢成长的人,你也许从未见过他们,但他们的做人哲学、人生阅历早已融入酒中。在天赋酒庄,以米歇尔·罗兰为首的酿酒团队,将"重力酿造、柔性工艺、节能环保、有机安全"等诸多理念融入酒中,酿出一款款屡获殊荣的酒。从2013年起,天赋酒庄葡萄酒开始参加国内外葡萄酒赛事,先后获得各类奖项近百余枚。2017年,天赋酒庄通过贺兰山东麓产区列级酒庄评选,晋升成为四级酒庄。

天赋味道 / 中国味道

　　2016年，在中国工农红军长征胜利80周年和闽宁协作20周年之际，习近平总书记在宁夏视察时强调要大力弘扬"不到长城非好汉"的精神，不忘初心，走好新的长征路。正所谓，不到长城非好汉，不喝天赋真遗憾。2017年11月，美国总统特朗普访华，在欢迎国宴上，宁夏贺兰山东麓长城天赋酒庄的贵人香干白葡萄酒与长城旗下其他4款葡萄酒一齐亮相，为在场嘉宾带来了美好的"中国味道"。天赋的美随处可见，天赋的滋味也等你来品尝。以下推荐几款天赋酒庄的代表作，让您在品尝、购买时告别选择恐惧症，直接选中最爱！

长城天赋酒庄　2015赤霞珠干红葡萄酒

深邃又明亮的宝石红色，轻轻晃动酒杯后展现出成熟的黑色浆果配合着橡木桶带来的奶油、香草气息。酒体优雅均衡，单宁细致紧实，并夹杂着贺兰山东麓产区特有的矿物风味，是一款经典的大气、细腻风格之佳酿，余味持久。建议16-18℃饮用更佳。

长城天赋酒庄　2015赤霞珠/丹菲特干红葡萄酒

漂亮的深宝石红色，诱人的蓝莓、黑莓香气里浮现出炭烧咖啡、甜香料的后调，饱满，和谐。口感温润，单宁柔和，余味悠长，源自波尔多的赤霞珠和源自德国的丹菲特在贺兰山的庇护下如鱼得水般展现了惊喜的成熟与和谐。建议16-18℃饮用更佳。

长城天赋酒庄　2015贵人香干白葡萄酒

酒体呈禾干黄略带一抹高原春草的嫩绿色，晶莹剔透；冷凉气候成就了该品种清凉的苹果、青柠果香及清新舒雅的酒香，入口劲爽甘醇，回味悠长。建议开瓶前适度冷藏，10-15℃饮用更佳。

既然提到了酒，就不能忘了美食。天赋酒庄的餐厅是一处美酒、美食、美景的集结地，得益于镜面巧妙的折射原理，无论坐在哪张餐桌，都能观赏到外界所有的景观，仿佛置身于葡萄园之中享用盛宴。餐厅里各式特色菜肴应有尽有，无论天赋酒庄酒款再多，在这总能GET到最完美的餐酒搭配。

如果想在这里轻车熟路地点菜点酒，笔者传授一点葡萄酒配餐小技巧。干白葡萄酒是白葡萄去皮去籽，纯果肉发酵的，酸度比较高，可以去除海鲜的腥气，因此适宜搭配海鲜、贝类、蒸的虾子、豆腐皮、鸡肉、猪肉以及蔬菜等。干红则是红葡萄带皮、带籽发酵的，它的颜色多取自葡萄皮的颜色，干红单宁含量高，具涩味能够解腻，因此适宜搭配牛排、羊肉、熏鸡、烤鸭、叉烧、香菇和广东牛肉烩面以及口味较重的菜肴。当食用较油腻的鱼时，虽然鱼肉属于白肉，但适宜搭配干红。

天赋 / 远行

除了美酒、美食，天赋酒庄附近可是美景无数。

格桑花，一种生长在川藏线上不畏严寒的花朵，笔者本以为除川藏外再也看不到这般壮美的花海，可是在天赋酒庄，笔者终于和格桑花来了一场完美的邂逅。在酒庄主体建筑前，成片的格桑花在微风中摇动着脑袋，仿佛在等待人们的到来。格桑花的花期一般在5～10月份，如果你没有时间去西藏，不如抓紧时间来天赋酒庄看花海！

车往坡上溜，水往高处流？这个地方在哪呢？就在酒庄大道上，有一段路面，水倒流、车倒行，对于这种现象，现在尚未有合理的解释，酒庄怪坡等您探寻。

戴上草帽、挎起竹篮、拿起剪刀，穿梭在一行行葡萄藤蔓间，轻轻摘下一串串葡萄，体验收获的快乐。此情此景是否也是你所向往？天赋酒庄自酿节正好可以满足小伙伴的需求，采摘葡萄、欢乐自酿，DIY酒标设计……想想就美美的。

在酒庄的不远处，就是有着"东方金字塔"美誉的西夏王陵，这里埋葬着西夏的9位帝王，规模不输北京皇陵。面对气势恢宏的陵墓，我相信没有什么地方比这里更适合让人抒发文艺情怀了。如果您是绘画爱好者，那您更是来对了！2017年，由中粮长城天赋酒庄、国家民族画院宁夏分院、宁夏塞上画派艺术研究会共同组成的塞上画派写生基地落户天赋酒庄，无数名家墨宝等着您去欣赏！

除了美术绘画，天赋酒庄更是一处天然的影视基地，截至目前已经有《莫语者》《百慕迷踪》《烈火狼》《36号护卫车》《逆境游戏》等多部影视剧在天赋酒庄取景拍摄。

如果您对红色旅游感兴趣，那一定要去六盘山红军长征纪念馆走一走。六盘山位于宁夏回族自治区西南部固原市原州区境内，海拔2928米。六盘山历来有"春去秋来无盛夏"之说，登上主峰远眺，朝雾迷漫，云海苍茫。日出云开，只见重峦叠嶂，层出不穷。六盘山曾是中国工农红军长征翻越的最后一座高山，毛泽东同志在翻越六盘山时写下壮丽诗篇《清平乐·六盘山》，使其名扬天下，彪炳史册。

去宁夏旅行，首先要注意的是尊重当地回族人民的宗教信仰和生活习惯，还要注意银川空气比较干燥，昼夜温差大，要多喝水，并要预防感冒。另外，银川的饮用水多为地下水，水质较硬，如果有体质弱适应不了的朋友需要携带一些抗过敏药物等。在某些时间风沙会大一些，要携带合适的衣物并做好防风沙的准备。

天赋酒庄交通地图

酒庄地址：宁夏回族自治区银川市西夏区G110国道西夏王陵南侧
问询电话：0951-4016999

银川自驾路线： 自驾游的朋友可沿银川北京路向西，至空军部队后向南沿G110国道，到银巴收费站前（不过收费站），往西行驶3千米即可到达目的地。

银川火车站距天赋酒庄30千米，打车需要36分钟，70元左右。
银川河东机场距天赋酒庄59.3千米，打车需要45分钟，130元左右。

游玩安心 下榻舒心

　　目前天赋酒庄和市内颐和酒店、上陵波斯顿等多家四星级酒店合作，为您提供优雅、舒适的住宿环境，带给您家一般的体验。

颐和酒店

　　银川颐和大酒店是由广州颐和集团按四星级饭店标准投资兴建的酒店，是集公寓、餐饮、会议、娱乐等为一体的多功能化、智能化的综合性精品酒店。酒店共有180套房间，娱乐设施有游泳池、水疗室、KTV、棋牌室等。颐和酒店是四方来客旅游度假、商务洽谈、知己共聚、休闲娱乐的理想场所。

上陵波斯顿

　　饭店位于银川市新华东街518号，其地理位置距银川新火车站约20分钟车程，距银川河东国际机场约25分钟车程，是银川城区离河东机场最近的按照五星级标准建设的综合性饭店。饭店坐落在整个银川市的中轴线上，夜晚可将银川最美夜色尽收眼底。饭店外形气派，功能齐全，装修豪华大气，设施设备高档精良，内部环境温馨典雅，是您商务旅行的理想居所。

贺兰晴雪：
让葡萄酒世界发现了宁夏

Château Helan Qingxue：
Open the Door of Ningxia Wine

嵯峨高耸镇西陲，势压群山培楼随。
积雪日烘岩冗莹，晓云晴驻岫峰奇。
乔松风偃蟠龙曲，怪石冰消卧虎危。
屹若金城天设险，雄藩万载壮邦畿。——明·朱旃

　　这是明代庆靖王朱旃驻守宁夏时有感于"贺兰晴雪"胜景而作的一首七言律诗。据说古时候在六月夏日碧蓝的晴空之下，灰褐色的贺兰山巅峰被雪白的白雪覆盖，背衬着碧蓝的天空，蔚为壮观，贺兰晴雪也被誉为古宁夏八景之首。如今，随着全球温度的升高，人们已经很难目睹"贺兰晴雪"美景，但从2005年起，贺兰晴雪的传奇以另外一种形式延续了下去，而且赢得了全世界的关注，那就是宁夏的贺兰晴雪酒庄。

酒庄志 Winery Profile

创立时间：2005年
所在地：宁夏银川
资金投入：2000万元
酒庄面积：3000平方米
葡萄基地面积：350亩
主栽品种：赤霞珠、梅鹿辄、霞多丽、马瑟兰、马尔贝克
标志性建筑：培训中心、服务中心、发酵车间、
　　　　　　储酒车间、灌装车间、地下酒窖
酒窖面积：1200平方米

追梦起点

"宁夏第一个真正意义上的酒庄""宁夏乃至中国精品葡萄酒庄的旗帜""中国首个在世界葡萄酒赛事中获得最高荣誉的酒庄""贺兰山东麓列级酒庄之首"……贺兰晴雪酒庄身上从来不缺少各种各样的称号与标签，它也着实经得起外界的美誉和称赞。相比起那些绝对化的形容词，用"示范酒庄"来评价贺兰晴雪最贴切不过。

说起贺兰晴雪酒庄的起点，就必须先讲一讲宁夏贺兰山东麓产区的起步。宁夏作为一个葡萄酒产区，在中国的历史上算不上久远，最早在1985年建立了第一个葡萄酒企业，之后一直没有太大发展。1996年，宁夏把葡萄与葡萄酒产业列入农业六个支柱产业之一。宁夏葡萄酒产业几经波折几经探索，直到2004年6月自治区政府提出八项加快葡萄酒产业发展的具体措施开始，宁夏葡萄酒才从低谷恢复，进入快速发展阶段。正是在这样的特殊情境下，一个酒庄梦在悄悄地酝酿中，也把三个人的命运与葡萄酒牢牢地连在了一起。

容健，时任宁夏回族自治区副秘书长兼葡萄产业协会会长，已退居二线的他原可以安稳地等待退休，颐养天年。王奉玉，当时是宁夏科技厅基地办主任，与容健是老相识，年龄相仿，也临近退休。张静，1998年大学毕业后，被分配到宁夏科技厅科技兴农办，负责组织协调宁夏葡萄酒产业工作。

为贺兰山东麓产区建一个科技示范园，这一相同的愿望和契机让三个人一拍即合。2005年，宁夏第一个名副其实的酒庄动工建设，因酒庄所处的地方正是观赏"贺兰晴雪"美景的最佳位置，故取名"贺兰晴雪"。

▲ 酒庄三位创始人，从左向右：王奉玉·容健·张静

▶ 为梦苦寻

　　酒庄选址选在了泉七沟，现在这里是银川城区的边缘，110国道从酒庄门前经过，往西远眺贺兰山，东面是繁华的银川城区，交通便利，风景优美。

　　2005年以前，酒庄所在的位置还是一片盐碱沙荒地和取土场，地下水位也高，开发难度很大。春天平整土地时，推土机、挖掘机一过，尘土飞扬。"工地上煮一锅面条，一阵风吹来，来不及盖锅盖，锅里就成了一盆沙灰面"，这就是当初建设酒庄时的情景。现在您到访酒庄，依然能看到酒庄展板上的两幅卫星地图，那是泉七沟周围几年间的变化，从一片荒凉到绿意满满，这种改变是贺兰晴雪带来的，是葡萄酒带来的。

　　土地平整好，开始种葡萄了，但第一年的葡萄苗因为土质碱性较高几乎全军覆没，没成活几棵。不甘心就这样放弃，酒庄请来了宁夏大学的专家，运来了500吨脱硫炉渣，铺在葡萄园。为的是让脱硫炉渣与土壤充分融合进行中和反应，中和土壤中的碱性，第二年葡萄种植的成活率就达到了70%。之后的几年里，贺兰晴雪酒庄一直不断地补苗，才得以形成如今酒庄里150亩的葡萄园。

　　那时，宁夏葡萄酒产业发展并不是一帆风顺，远没有今天贺兰山东麓明星产区的声势和荣光。如同一座围城，有人想进来，也有人想出去。庄主容健说："我觉得我们最大的成功，就是在贺兰山东麓产区的发展过程中，起到一个示范、引领的作用。"种植师王奉玉说："我坚信，宁夏一定会酿出好酒，不管在什么情况下，我们都要义无反顾地做葡萄酒，而且还要做出中国最好的葡萄酒。"酿酒师张静说："我们不迷茫，因为我们有坚定的信念。"就这样，在不少人对种葡萄失去信心时，在大批农户砍掉了葡萄树改种其他作物时，两位老爷子一位小姑娘，心无旁骛，锵锵前行。他们让贺兰晴雪酒庄成为了那个时期为数不多的逆行者，也造就了日后的伟大。

葡萄酒世界
从这里发现了宁夏产区

　　贺兰晴雪酒庄的主楼有白色的屋顶和青色的砖墙，是一座仿西夏风格的建筑，中国韵味浮动。酒庄方形拱顶和蒙古包的结构颇有几分相似之处，青色的砖墙与身后灰褐色的贺兰山脉浑然一体，白色的房顶更像是山峦之上覆盖的皑皑白雪，这不正是"贺兰晴雪"吗？

　　酒庄与西夏王陵近在咫尺，也紧邻着一座军用机场。在酒庄主楼的天台上，向西望去，上千亩连片葡萄园尽收眼底，不远处的贺兰山脉一目了然，还不时有执行飞行任务的战机轰鸣起飞，直冲霄汉。2011年，贺兰晴雪酒庄也像升空的战机一般，一飞冲天。

　　2010年时，贺兰晴雪酒庄已经在国内获得了所有葡萄酒赛事的金奖，所以酿酒顾问李德美便建议让2009年份的酒参加国际大赛。起初报名参加《品醇客》世界葡萄酒大赛时，网站预先设定的中国产区里甚至都没有宁夏的选项，以至于他专门发邮件向官方说明这是一款来自宁夏的葡萄酒。不知道当时收到这

封邮件时，赛事组委会的工作人员做何感想，他们或许并不知道NING XIA在中国的哪里，或许也没有人会在意NING XIA到底是什么地方，或许时光倒流一次，他们一定不会这么想。

　　最初结果公布时，加贝兰2009获得得是"中东、远东和亚洲地区"葡萄酒大赛金奖（Regional Trophy），这已经是历史性的突破。但是在2011年9月7日，英国伦敦皇家歌剧院内，DWWA颁奖晚宴的现场，在最后的决赛中，来自中国宁夏的加贝兰干红葡萄酒击败了包括法国、澳大利亚、南非、美国和其他专门酿制波尔多混酿的高档产区酒，获得10英镑以上波尔多风格红葡萄酒国际大奖。

　　这是中国葡萄酒首次获得品醇客世界葡萄酒大赛最高奖项，轰动了世界葡萄酒界，英国《每日电讯》9月8日用"为中国举杯"显著大标题报道；法国《巴黎人报》写道：这是葡萄酒世界的革命，最好的波尔多风格的酒来自中国。

DWWA大赛的负责人说："加贝兰的获奖，是中国开始进入世界优质葡萄酒生产国的行列的标志……"

此后，无数的宁夏葡萄酒在国际舞台上大放异彩，宁夏逐渐被世界所熟知，国际国内众多酒评家、葡萄酒大师、专家学者看好宁夏葡萄酒，来此调研考察，宁夏也被OIV吸纳为省级观察员……贺兰晴雪酒庄虽然不是宁夏葡萄酒产业的起点，但却是一个重要的转折点。走进贺兰晴雪酒庄，我们便能看到一面大理石墙，上面镶嵌着一句话，"葡萄酒世界从这里发现了中国宁夏产区"，无需多言，诚然如此！

十年梦圆，重新出发

　　在贺兰晴雪酒庄里，立着一块"圆梦"石，它伴随着加贝兰从最初的默默无闻一直到现在的名蜚中外。如今，贺兰晴雪酒庄已经走过了第一个十年。十年里，作为贺兰山东麓的酒庄代表，贺兰晴雪自然是很多投资者关注的合作对象。但是，身为酒庄创始人之一的容健却婉拒了一个又一个的融资扩大规模或者兼并酒庄的建议。"稳定、优质的产品是酒庄的生命。没有优质原料的保证，盲目扩大产量会导致质量下降，造成不可挽回的影响。总之，酒庄的发展还是要从自身建设抓起。"容健如是说。

　　为了提升葡萄的品质，酒庄对葡萄园进行了多次改造，提升栽种品种的纯度，又在酒庄不远处的镇北堡镇重新开辟了一片200亩的优质葡萄园。2012年，酒庄建成了集会员储酒酒窖、葡萄酒展示大厅、品酒中心、娱乐餐饮配套于一体的贺兰山东麓葡萄酒服务中心，建筑面积达1300平方米。酒庄成为贺兰山东麓首批列级酒庄，并完成了两次晋升，率先成为三级列级酒庄（目前最高级别）。2015年，酒庄又扩建了360平方米的地下酒窖。可以说，酒庄的每一步都是恰到好处的，从不急功近利、贸然扩张，处处显现着一种责任感和使命感。庄主容健是一个谦逊和蔼的人，但是他的眼神里却透露着刚毅坚卓，容老爷子是忠实的摄影爱好者，他曾拍到过难得一见的"贺兰晴雪"美景，这幅摄影作品仍在酒庄内，现如今早已成了众多到访客人必须合影的背景之一。除了合影，许多客人还留下了对贺兰晴雪的高度评价，让我们一起来看一看。

"来自中国宁夏贺兰晴雪的一款红色波尔多混酿2009，在激烈的竞争中，战胜了来自其他8个国家的酒品，赢得了10英镑以上波尔多品种红葡萄酒领域的'国际大奖'。葡萄酒历史上著名的巴黎审判，名不见经传的加州葡萄酒在盲品中战胜波尔多葡萄酒，这个结果令1976年的品鉴黯然失色。在当今的葡萄酒世界，不要囿于成见。"

—— Steven Spurrier
（"品醇客世界葡萄酒大奖赛"评委会主席）

@婕子婕子_Jessie:
　　贺兰晴雪——贺兰山旁朴实的酒庄。我非常幸运，能真切感受到这种对酒的激情与热情的能量。走近这样特别的酒庄不由升起作为中国人的自豪，银川是很值得期待的地方！

@葡萄酒一哥:
　　贺兰晴雪！一个让世界注视中国产区和中国葡萄酒的酒庄！峥嵘岁月，砥砺锋芒！梦想仍在继续！前路更为广阔！

张静与她的"小脚丫"

张静是一位性格阳光的女酿酒师，脸上常挂着灿烂的笑，笑起来时会露出可爱的虎牙。亲切、没有距离感，让张静在行业内外有着极好的人缘和口碑；好学、努力，让张静成为了葡萄酒行业内青年酿酒师中的翘楚。"Decanter的获奖对于我们来说只是一个过程，是一个过去式，是对我们继续一路前行的鼓舞。"2011年后酒庄新建基地、改进设备、完善管理、建设团队，张静先后到澳大利亚、法国学习，充实自己的阅历和学识。在澳大利亚，她学会了开叉车，也曾爬进酒罐里去做最基础的清洗，做了许多以前从未尝试过的工作，跟不同国家、不同文化的酿酒师沟通交流……这些经历也成为了她前进的动力。

看到这里看官们也一定非常好奇，大名鼎鼎的"加贝兰"有什么涵义，是如何诞生的？酿酒师张静最有发言权，"加贝兰的诞生，是一个美丽的迟到。"酒庄起初注册产品商标时，发现"贺兰晴雪"已不能注册。于是他们突发奇想，将"贺兰"两字拆分成"加贝兰"。其酒标上王羲之的楷书峻洁遒丽，隐含着生命的苍劲，背景中的贺兰山寥寥数笔，却勾勒出它的雄浑壮美。贺兰晴雪酒庄在贺兰山的怀抱中，沉静、不张扬，宛如画卷上的一瓶不老诗意。

现在，"加贝兰"家族也正在不断地壮大，包括加贝兰特别珍藏系列、加贝兰系列、晴雪系列等，除了这些，还有两款有故事的酒。2015年，为了庆祝酒庄成立十年，酿酒团队选用了2005—2014年间出品的五个年份加贝兰，反复测试确定理想的调配比例，用以表达加贝兰永恒的风格——优雅、平衡、饱满却不厚重，集酒庄佳酿历年精华的这款酒，取名"超级加贝兰"，为十年庆纪念版。

还有一款呢？！还有一款就是充满了爱意的"小脚丫"，小脚丫的故事其实就是一个母亲给自己即将出生女儿的一份礼物，一种纪念，一种表达爱的方式。还是2009年，这个神奇的年份里发生了很多值得纪念的事情。那一年，张静怀着身孕完成了榨季的工作，并专门为即将到来的孩子酿造了一款酒。女儿出生后，张静把部分精酿的加贝兰单独入桶管理，并在一个橡木桶上刻上了女儿的姓名、生日和女儿出生时的小脚印，并为这款酒取名为"小脚丫"。2012年，葡萄酒大师杰西斯·罗宾逊造访酒庄，在品尝了"小脚丫"后惊叹不已，她甚至认为这款"小脚丫"比获大奖的加贝兰2009更加出色，并将这款酒收录在其撰写的第七版《世界葡萄酒地图》中。不过想喝到"小脚丫"可不是那么容易哟，因为只有1000多瓶，"小脚丫"并不会上市销售，每年女儿生日都会打开一瓶品尝她的成熟与变化。张静只想留给女儿，陪伴她的成长。

加贝兰 干红葡萄酒 2014年份

这是酒庄近几年的明星产品，加贝兰2014是2017布鲁塞尔大赛金奖酒，同时是2016年贺兰山东麓的金奖酒；加贝兰珍藏2014是2017年贺兰山东麓博览会的金奖酒，这两款酒有着漂亮的宝石红色，靓丽有光泽，红色水果香气浓郁而有层次，烘烤、烟熏气息层层叠叠，活泼奔放。口感细腻，酒体厚实，回味甜美。

经典的酒应该搭配最特色的菜，贺兰晴雪酒庄正对面便有一家农家乐饭店，那里的土鸡肉吃过一次之后便始终让我魂牵梦绕，宁夏的土鸡肉有别于笼养的肉鸡，其肉质相当鲜美！吃一块鲜香的鸡肉，来一口加贝兰珍藏，简直完美！

▲ 张静和女儿，还有"小脚丫"

▲ 张静和女儿，还有"小脚丫"

西夏风情

贺兰晴雪

Xixia feeling / Helan qingxue

　　在贺兰晴雪酒庄的不远处便是西夏风情园旅游景区，这里古朴而静谧，走进景区能感受到西夏王朝的历史气息。在这里可以看到复杂的西夏文字，欣赏西夏陶艺，或漫步在西夏建筑特色的风情街、市井街、寨堡等。除此之外，还有气势恢宏的西北独家实景马战演艺，全面还原夏辽"河曲之战"实景表演，再现西夏王朝的辉煌历史。

　　在酒庄的正南不到7.9千米处，便是被称为"东方金字塔"的西夏王陵，是中国现存规模最大、地面遗址最完整的帝王陵园之一，也是现存规模最大的一处西夏文化遗址。西夏王陵景区，也是观赏贺兰山的好地方。远处的贺兰山脉格外清晰，蓝的天、黄的地、绿的树、棕色的荒草、蓝灰色的贺兰山，每一种颜色都很鲜明。

　　西夏国，这个和宋朝同时代的国家，有着许多神秘的过往和历史。对西夏王朝历史感兴趣的朋友们拜访完酒庄可以顺青银线过去，非常方便。

　　从贺兰晴雪酒庄顺着青银线往北走15千米，便是贺兰山自然保护区和镇北堡西部影视城，去贺兰山深处看岩画，去影视城里寻找电影里的场景和片段，岂不美哉！

导航地址：

宁夏贺兰晴雪酒庄（西夏广场西北200米）。贺兰晴雪酒庄就在银川市的边缘，乘坐101A路抵达西夏风情园站下车，步行前往即可。

游览时间——请提前电话联系好参观的时间。葡萄生长及酿酒都有明显的季节性，酒庄游时间最好在每年的7～10月。

交通——银川是宁夏省会，交通十分便利，火车、飞机、长途车均能抵达银川市区。

住宿——贺兰晴雪酒庄住宿条件有限，住在银川市区是最佳选择。在住宿的区域选择上，可以选择人文古迹较多、热闹繁华的兴庆区，也可以选择交通便利、设施发达的金凤区，如果嫌远，可以选择住在西夏区的宁夏大学附近。

禹皇酒庄：
由大禹治水而命名

Château Yu Huang：The Winery Named from the Story of Dayu Emperor

酒庄志 Winery Profile

创立时间：2009年

所在地：宁夏青铜峡市

资金投入：注册资金4286万元

酒庄面积：70亩

葡萄基地面积：8205亩

主栽品种：赤霞珠、蛇龙珠、贵人香、美乐、黑比诺、
马瑟兰、维代尔等世界优良品种，树龄9～17年

标志性建筑：酿酒葡萄生态产业园中建有古朴典雅的中式酒庄一座（徽派建筑）

酒窖面积：3114平方米

要么旅行，要么读书，身体和灵魂，总要有一个在路上。
You can either travel or read, but either your body or soul must be on the way.

——电影《罗马假日》

一直想来一场震撼心灵的自由行，踏上厚重奇幻的黄河故土，探寻神秘的治水古迹，一路涉足，一路留恋，感受旅行该有的色彩和享受。今年在满满的期待下，突如其来的通知，笔者一行要去位于宁夏的禹皇酒庄旅行啦！这一消息让笔者开心得像个200斤的孩子！

一首短小、精悍的民歌，道出了黄河的蜿蜒曲折。母亲河常年的冲刷形成了众多罕见的景观。在宁夏境内，蜿蜒曲折的黄河在青铜峡市甘城子镇外切出了一道绵延的切口，禹皇酒庄就坐落在这里。

科普来喽，据说这里就是当年大禹治水的地方。大禹从鲧治水的失败中汲取教训，疏而非堵，历经13年终于战胜黄龙完成了治水大业，而青铜峡峡谷的形成也离不开大禹的功劳。相传远古时候，大禹来到青铜峡，看到上游因湖水受阻而形成水涝，下游无水又旱情肆虐。为解救百姓苦难，大禹举起神斧，把贺兰山豁出一道峡谷，黄河之水得以疏通，就在大禹劈开贺兰山的时候，满天的夕阳把牛首山青色的岩石染成了迷人的古铜色，大禹见此情景，兴致勃勃地提笔在山岩上写下了"青铜峡"三个大字，从此这段峡谷便有了青铜峡的美名。而今，禹皇酒庄为了纪念和弘扬大禹治水的精神，命名为"禹皇酒庄"。

小伙伴们，你要问我眼中的禹皇是什么样子？我想唯有"白墙青瓦马头墙，青山绿水蔚蓝天"来形容方不辜负。目前国内酒庄建筑大多按照欧式风格来设计，而禹皇酒庄则是其中的一股"清流"，是一座浓缩了民族文化的中国酒庄。徽派的建筑群落是这座酒庄的特色，黛瓦、粉壁、马头墙与周围环境完美融合，漫步在酒庄内，仿佛置身于艺术的殿堂。

旅行所带给我的意义，不仅仅是一种开阔眼界、增长知识的入世，更是一种出世，是甩掉一切包袱，使自己和大自然相处的一段历练。驱车行至禹皇酒庄葡萄园，抵达时已是黄昏，映入眼帘的是一片又一片的葡萄园，在夕阳的照耀下散发着耀眼的光，空气中漂浮着微微的果香。趁着好天气，工人们正在紧锣密鼓地采收，蓝天绿地相衬，那一刻，我几乎忘记了呼吸。

笔者从小生活在城市中，对于葡萄园的一切都是陌生而又新奇的，而在禹皇酒庄，笔者深切感受到宁夏贺兰山东麓这片葡萄酒原产地带给葡萄的意义是什么。独特的砂砾土、年均3000小时的日照时间让葡萄可以健康地生长，每一颗成熟的葡萄都凝结了大自然的馈赠，原来这里就是葡萄的天堂。

这有故事，把酒言欢？

时至今日，
禹皇酒庄每天都会迎来远方的
游客与经销商，
青铜峡都因禹皇酒庄而变得热闹起来。
而禹皇酒庄受到热捧的背后
到底有哪些玄机呢？
或许我们从酒庄的工作人员
可见一斑。

刘鹏图，禹皇酒庄总经理。提起刘鹏图，首先跃入笔者脑海的，是他标志性的"发型"和睿智幽默的谈吐。要论市场营销推广策略的经验，刘鹏图可谓是这方面的活教材。他曾经担任宁夏第一家上市公司"银广夏"第一任市场部经理和商贸部总经理，有一套成熟的市场营销推广策略，经营理念非常独到。

经常有小伙伴抱怨，购买酒的时候挑花眼，目前市场上葡萄酒品牌众多，让众多酒友说不清，道不明。这点困扰在禹皇酒庄都不是事！刘鹏图针对不同的消费群体，把葡萄酒分为公、侯、伯、子、男五个爵位系列，既有中高端的产品，也有适合大众的产品，让每位消费者都能感到物有所值。

PS：一说到爵位，大家会不会马上想到基督山伯爵呢？但是这些称谓实际上是为了翻译方便，套用了我国古代的爵位称谓。一般来说，周朝的爵位主要分为五种：公、侯、伯、子、男，世代沿袭。

所谓喝酒这事，当然要和酿酒师喝啊！来认识一下吧！

王一璐，宁夏青铜峡人，现任禹皇酒庄副总经理，总酿酒师。身为青铜峡人，他对养育自己的这片土地有着深刻的感情，加之禹皇酒庄葡萄种植采摘、酿造标准制定、辅料选择这方面都是由酿酒师团队全权负责，这种开放的理念吸引了他。于是毕业之后他就义无反顾加入了禹皇大家庭。

来到酒庄当然要品酒，给小伙伴们推荐几款禹皇特色酒吧！

首先要给大家推荐的是禹皇侯爵蛇龙珠干红葡萄酒，在高海拔、沙质冲积土和极端大陆性气候条件下生长出来的蛇龙珠葡萄，经过酿造散发浓郁的酒香，轻抿一口，入口醇厚。

接下来是公爵赤霞珠干红葡萄酒2009，这款酒可是获得过品醇客世界葡萄酒大赛（2014）银奖，也是那一届大赛上中国葡萄酒干红类获得的最高荣誉。不仅如此，还有中国优质葡萄酒挑战赛金奖加持，快来品尝吧。

▲ 禹皇酒庄总经理 刘鹏图

禹皇酒庄总酿酒师 王一璐 ▲

私人订制
看看谁是你的"菜"！

"私人订制葡萄酒你有么？"
"葡萄酒喝过，私人订制是什么？"
禹皇酒庄私人订制葡萄酒
我来带你一探究竟

2014年，冯小刚的一部贺岁大片《私人订制》让更多人了解了"私人订制"这个全新的消费概念，如今私人订制的领域几乎无处不在，涵盖了我们生活工作的方方面面。俗语说"无宴不成婚，无酒不嫁女"，因酒与"久"同音，寓意吉祥，在婚宴中，能够订制一款独一无二的喜酒，想想就美得不要不要的。

不仅仅是喜宴订制酒，还有商务订制、赠送亲朋，凡是游客DIY需求，禹皇酒庄都能满足！

其实造访禹皇酒庄，好玩的远远不止这些。你想知道新鲜葡萄和酿酒葡萄有什么区别？多少串葡萄可以酿成一瓶酒？你想与酿酒师合作酿造一款专属自己的葡萄酒么？答案就在禹皇酒庄。在酿造过程中由禹皇酒庄酿酒师手把手指导哦，自酿爱好者可不要错过这个难得的机会。

说到西北，辽阔苍凉的环境造就了西北人的粗犷豪放，在"吃"上面表现得尤为明显。据史料记载，唐宋时期，大批波斯人、胡商沿"丝绸之路"定居宁夏经商，成为最早的回民，元朝时，又有大批穆斯林迁徙宁夏，为宁夏美食文化的产生打下了基础。那么下面给小伙伴们推荐的美食请一定要收藏哦！

手抓羊肉
西北菜的头道菜，是手抓羊肉。"说起手抓，想起宁夏"，远方来客如果不吃顿手抓羊肉，枉来宁夏，手抓羊肉几乎成了回族饮食文化的代表作。如果配上香醋及蒜瓣，那个味道才够地道。

羊杂碎
这算是宁夏最出名的民间美食了吧，热气腾腾的羊杂碎就着茴香饼，那火热的场景让人回味！

八宝茶
作为宁夏的看家美食，喝起来有淡淡的草药味儿，据说可以延年益寿呦。

烤全羊
烤全羊是宁夏当地最富有民族特色的"硬菜"了，用来招待外宾和贵客。

时间像是海绵里的水，挤挤总是有的；背起行囊，洒脱随性走一次。世界好大，天南海北，我在禹皇等你。

出行小贴士:

酒庄地址:宁夏吴忠市青铜峡甘城子地区沿山公路以西1500米。

导航搜索:宁夏青铜峡市禹皇酒庄有限公司

电话:0953-3632200 13895339530

飞机

吴忠市没有机场,吴忠市利通区距银川河东机场仅57千米,乘坐长途汽车1个半小时左右即可到达,河东机场现已开通至北京、上海、广州、西安、成都、乌鲁木齐、昆明、重庆、沈阳等多条航线。

火车

吴忠铁路交通线路明晰、运流通畅,包兰、宝成、大古三条铁路干线穿行而过。

吴忠市火车站为货运火车站,而青铜峡火车站、玉泉火车站、大坝火车站是吴忠市的客运火车站,在以上三个火车站停靠的列车都为过路车,无始发车,乘坐时需注意等车时间。

在青铜峡火车站乘坐列车可到达银川、北京、上海、西安、成都、平凉、呼和浩特、西宁、嘉峪关等地;在玉泉火车站乘坐列车可到达银川、崇信、济南、牡丹江、大连、哈尔滨、虎林、长春、鸡西、七台河、东方红等地。

其他

公路:吴忠公路交通发达,境内有109国道、石中高速公路等4条高速公路及沿山公路、武青公路等多条省级公路纵横交错。在吴忠市可乘长途汽车到达银川、中卫、固原等省内外城市。

吴忠长途汽车站地址:吴忠市利通北街。

新疆产区

张裕巴保男爵酒庄

仪尔庄园·乡都酒堡

中信国安葡萄酒业

芳香庄园

天塞酒庄

中菲酒庄

The Region of Xinjiang

　　一款好的葡萄酒必然是人与自然最好的媒介，每一滴都浓缩着当地的风土和人文。新疆纯净空旷的自然环境造就了葡萄酒的纯正，而新疆人的那份热情则让新疆葡萄酒浓烈而奔放。还有那令人垂涎的新疆美食：烤羊肉、手抓饭、拉条子、大盘鸡……想找一道搭配美酒的佳肴，在新疆的菜谱中太容易了！

　　在美丽的天山北坡，有一座法式葡萄酒城堡，它有着如酒滴涟漪般环形对称的布局，有着凯旋门般巨大的酒庄大门，有着精心修剪的花园与精致的小城堡。张裕视它为掌上明珠，并赐予它公司第一代酿酒师的名字。不忘初心，致敬历史——张裕巴保男爵酒庄，是石河子这颗戈壁明珠上那一缕醉人的光芒。

　　葡萄故乡，美酒之都，这是仪尔庄园·乡都酒堡的最好诠释。扎根焉耆二十年来，仪尔乡都在荒凉戈壁上打造出一片绿意盎然的生态旅游景区。民俗文化农家乐与欧洲别墅风情园相映成趣，雄伟的罗马广场与藏品奇多的乡都酒文化博物馆珠联璧合。在新疆体验法式浪漫，仪尔乡都令人神往。

　　考古发现让神秘的精绝古城和尼雅文明再次进入人们的视野里，历史上的精绝古国曾是一个无酒不欢的国度。如今，中信国安葡萄酒业依托着天山北麓纯净的自然环境再现了尼雅葡萄酒的辉煌。在昌吉的玛纳斯，有一座花园般的葡萄酒殿堂等着您的到访。

　　博斯腾湖畔，芳草园葱茏。芳香庄园地处天山南麓，焉耆盆地的东北部，南邻"浩海明珠"博斯腾湖，三面群山环抱，依山傍水。酒庄内不仅美酒飘香，还有香草植物园和百果园、棉花地和葵花田。这里是飞鸟走兽的栖息乐园，也是游人必往的度假天堂。

　　在霍拉山脚下的葡萄园中，天塞酒庄如同展翅的"天鹅"一跃而起！这是一座现代简约风格的葡萄酒庄园，更是一座集葡萄种植酿造、旅游观光等功能于一体的现代化体验式酒庄。采摘、马术、高尔夫、西餐、摄影、直升机，天塞酒庄虽远在戈壁，但却能满足您一切高大上的游玩需求！

　　如果您是品质佳酿的追随者，它在国内外斩获的荣誉等您细数；如果你是环保主义者，那这里善待自然的理念与您不谋而合……这是一座结合了新疆本土自然人文特点，并融入国际化审美视野的生态庄园——中菲酒庄，"菲"去不可！

　　天山脚下，一幅幅新疆酒庄的壮丽画卷已徐徐展开。大美新疆欢迎您的到来！

张裕巴保男爵酒庄
你的旅游打开方式还可以如此不同

Château Changyu Baron Balboa: The Way You Kick Off Tours Can be Different!

酒庄志 Winery Profile

创立时间：2013年
所在地：新疆石河子
资金投入：8亿元
酒庄面积：1000亩
葡萄基地面积：450亩
主栽品种：赤霞珠、梅洛、西拉、霞多丽、雷司令、贵人香
标志性建筑：酒庄大门、酒庄园林、欧式酒堡主楼
酒窖面积：6000平方米

欧洲行？高高的哥特式建筑、庄严的教堂，布拉格落满白鸽的喷泉广场，想想就美美的。欧洲虽然好玩，但去趟欧洲，花费也是不菲的。为了去体验一下欧式风情，还要苦哈哈攒钱攒多久？告诉你，马上就不用啦。新疆巴保男爵酒庄，让你在国内就能体验浓浓的欧洲风情。

旅行应该是什么样的？是随手拍拍拍？还是各种买买买？NO，笔者带你来一波别样的旅游，快随我游张裕巴保男爵酒庄。

@巴保男爵，说出你的故事！

◀ 萨尔维伯爵

　　第一次听到张裕巴保男爵酒庄这个名字，就勾起了笔者的好奇心，谁是巴保男爵？为什么要以这个名字命名酒庄？酒庄还有啥不为人知的秘密？且听我细细说来。

　　巴保男爵，张裕第一代酿酒师代表，巴保任期为1896—1914年，是奥匈帝国男爵，出生于葡萄酒酿造世家，父亲是欧洲名噪一时的葡萄酒专家，因1861年发明了著名的"巴保糖度表"而被载入欧洲葡萄酒酿造史。在张裕工作的18年间，巴保男爵为张裕酿出了中国第一款葡萄酒和白兰地，并实现了张裕"西法精酿各种葡萄美酒"的梦想。

　　时间来到2014年，巴保男爵迎来最重要的日子——酒庄开业。酒庄坐落在新疆石河子市，要说

起石河子市可是新疆生产建设兵团第八师所在地，有着"戈壁明珠，军垦名城"的美誉。2010年，烟台张裕葡萄酿酒有限股份公司斥资8亿元开发建设，并于2014年6月开业。为了纪念张裕第一代酿酒师巴保的卓越贡献，酒庄就以巴保男爵命名。张裕巴保男爵酒庄对于张裕公司来说，作用不仅仅是酿酒。更重要的是背负着传播葡萄酒文化的使命。将酒庄与天山丰富的旅游资源相结合，并开设专门的葡萄酒文化旅游路线。

　　那么现在巴保男爵酒庄的酒是谁酿的呢？来自意大利萨尔维家族的世袭伯爵约翰·萨尔维，于1971年获得"葡萄酒大师"的称号，是全世界现有

304位"葡萄酒大师"中资格最老的大师之一，现任英国葡萄酒与烈酒协会主席。

经过一番了解，萨尔维也是贵族出身，来自意大利萨尔维家族，从小就接触葡萄酒，在波尔多居住了45年，对葡萄园的风土和气候有非常深入的了解。葡萄酒大师酿制出的酒，会是什么独特味道呢？请跟我一探究竟。

"热恋情人"，是萨尔维对巴保男爵葡萄酒的评价，他认为，这里的葡萄酒就像热恋的情人，"这里的酒，就像热恋情人投入自己的怀抱，给人带来激情燃烧般的感受，如果是家人、朋友、合作伙伴之间饮用这款酒，很容易拉近彼此的心灵距离，这也是张裕巴保男爵酒庄葡萄酒的独特魅力。"

值得一提的，在中方酿酒师团队（拥有多名国家级和自治区级评委、一级酿酒师、一级品酒师等）的共同努力下，新疆张裕巴保男爵酒庄酒产品自投产以来，在不到四年的时间里共获得各种国际赛事的金奖、银奖和铜奖等近20个奖项，范围涵盖了品醇客世界葡萄酒大赛（DWWA）、国际葡萄酒与烈酒（IWSC）大赛、布鲁塞尔（CMB）世界葡萄酒大赛三大赛事以及亚洲葡萄酒质量大赛、亚洲品醇客葡萄酒大赛、一带一路国际葡萄酒大赛等多项国际一流赛事；获奖产品则包括了张裕巴保男爵酒庄干红葡萄酒、张裕巴保男爵酒庄干白葡萄酒、张裕巴保家族干红葡萄酒等所有酒庄酒系列产品。

浪漫法兰西 浓郁东方情

说起法国古典风格，你首先想到的是什么？是标准的古典主义三段式，还是高高的穹隆，或内部奢华的装饰？19世纪的古典风格，加上与中国西域文化的融合，可谓建筑文化融合的典范。

一进庄园大门，给笔者的第一感觉就是大。好大的庄园啊，感叹的同时在心里暗念：整个城堡都是我的就好啦。踱步到酒庄酒窖，占地面积为6000平方米的酒窖，顶部呈半圆形，充满张力。据酒庄工作人员介绍，酒窖分为橡木桶储存区和瓶储区，其中橡木桶储存区占地约2100平方米，瓶储区占地面积约2900平方米，其他包括洗桶区、空调机房等相关配套设施占地约900平方米。现酒窖已存储橡木桶2000多只，储酒600余吨，常年温度保持在14～16℃，湿度保持在70%～80%，可谓是葡萄酒熟成的完美环境了。在新疆，孕育着世界上最甜蜜的葡萄，众多新疆人以葡萄及其衍生品谋生。据史料记载，早在汉代，葡萄就已经在新疆种植，到了南北朝时期，酿酒技术发展达到较为发达的阶段。

一路沿着酒庄小路溜达到葡萄园，眼前绿油油一片煞是好看，微风吹过，葡萄叶发出悦耳的"沙沙"声。在葡萄基地，笔者发现了赤霞珠、梅洛这些酿酒葡萄的宠儿，一串串葡萄像精灵般挂在葡萄架上，散发着阵阵果香，令人沉醉。巴保男爵酒庄葡萄园内种植了赤霞珠、梅洛、黑比诺、西拉、蛇龙珠、霞多丽、贵人香、雷司令、白玉霓（白兰地专用品种）、烟73、晚红蜜等众多品种，其中酿造酒庄酒的葡萄均是选自树龄10年以上的葡萄树，并经精心挑选、采用国际先进工艺酿制而成。酒庄年生产能力达1000吨。

来到新疆巴保男爵酒庄，醉酒小屋是必去的。俗话说"好酒莫贪杯，醉酒会伤身"，那么醉酒究竟是一种怎么样的体验呢？来巴保男爵酒庄的好奇宝宝们，可以到"醉酒小屋"体验一番，它其实就是利用坡道原理建设的带有倾斜坡道的小屋。小屋四周与坡道保持垂直的墙壁会让游客产生是平地的错觉。这样，自然无法适应坡度，于是就产生站不稳的感觉了。

主题活动让你嗨翻天

如果你认为在这里仅有一成不变的参观体验，那你就大错特错了。各式各样的主题活动总能带给你不一样的惊喜。一年有四季，季季各不同。一月庆新购酒季，酒品大优惠、重拾童真的七彩风车节、魔幻泡泡嘉年华、一见"粽"情端午乐、光影嘉年华灯光展、寓教于乐亲子游……还有人气爆棚、期待满满的葡萄狂欢节，十几种鲜食葡萄任你尝。疆内首家DIY生产灌装线——巴保圆梦星工场，来这里亲手订制一瓶属于自己的葡萄酒，不仅实现私人订制葡萄酒的愿望，更是圆您的健康梦、幸福梦、团圆梦。悄悄告诉你，在中世纪法国部分古老的酒庄有一种至高的礼遇，就是邀请贵宾亲手制作一瓶葡萄酒！不仅如此，你还可以游走在一幅幅奇幻3D壁画中，就像身临其境地穿梭在葡萄酒世界。你可以轻轻抚摸着一排排沉睡的橡木桶，与酒神共饮！光想想都很激动呐。

以爱之名

巴保男爵酒庄，你的婚礼殿堂

提到城堡，不外乎让人想到水晶鞋、马车、王子公主，这是童话故事留下的印象。就这样，一场唯美奢华的城堡婚礼就成了每位准新娘心中的向往。在草坪、喷泉、雕塑的环绕下，穿上华丽嫁衣走上长长的台阶，仰头观望城堡的优美轮廓，这又是多么让人内心悸动的画面。

周杰伦说，他要35岁结婚，于是在35岁的最后一天结婚了。他说，要在欧洲古堡里办一场梦幻婚礼，于是昆凌成了上辈子拯救银河系的女人。2015年1月17日，周杰伦与昆凌在拥有300年历史的霍华德古堡举行了婚礼。即将步入婚姻殿堂或拍摄婚纱照的准新人们也从此多了一种古堡情结。总之，要的就是这种浪漫唯美的基调。

天空很蓝，阳光正好。纯洁的白，点缀一抹清新的绿，只愿守一份简单的纯粹！牵手漫步城堡长廊，品葡萄美酒，浪漫幸福将会如期而至。亲爱的，放下所有顾虑，来张裕巴保男爵酒庄，和爱人好好享受一场婚礼吧！在执子之手许下一个誓言憧憬未来之际，携手为您打造一场城堡婚礼，圆您一个王子公主的梦。

舌尖上的巴保男爵酒庄

山水风物是眼睛的风景，而食物则是舌尖的风景，眼睛赏美景，舌尖尝美食。完美的婚礼不仅需要浪漫的仪式、诚挚的祝福，更要由巴保庄园味美思品鉴中心给你的味蕾带来至高享受。

由国宴级别的厨师团队主理，食材新鲜厨艺精湛。"精致"是人们对这里菜品的第一评价，讲究色彩搭配，讲究摆盘，来过巴保庄园味美思品鉴中心才知道菜品也可以如此赏心悦目。尝过后，更赞叹其滋味，解百纳碳烤牛仔骨、霞多丽松茸养生海参汤、XO蒜蓉银丝蒸扇皇、巴保男爵酱牛排……口水止不住地往下流啊。

除接待婚宴之外，游客简餐、商务宴请、家庭聚会、生日宴会、毕业晚宴、年会宴席……唯有美食与爱不可辜负，葡萄酒与食材巧妙融合，国宴品质绝对不平庸，吃得出其中细心功夫。

说了这么多，对于巴保男爵酒庄的印像是否变得更加清晰了呢？估计大家早已按捺不住，想来一场说走就走的旅行。然而这一切都还只是冰山一角，更多的新疆美景美食请继续往下看。

天涯太远　新疆相见

在每个人的心中，都有一个向往的远方，对于我而言，最舒适的旅行，唯美食作伴。提起新疆，你以为美食只有烤羊肉串？那你就错了。虽然新疆并未形成自己的菜系，但是一道道美食，都已成为食客最爱。什么大盘鸡、烤包子、馕饼，不好意思，口水流得有点凶，你们还是自己往下看吧。

馕

馕的品种很多，大约有五十多个。常见的有肉馕、油馕、窝窝馕、芝麻馕、片馕、希尔曼馕、玫瑰馕等。馕含水分少，久储不坏，便于携带，适合新疆干燥的气候，加之烤馕制作精细，用料讲究，吃起来香酥可口，富有营养，深受各族人民的喜爱。

大盘鸡

大盘鸡原创地在沙湾县，自诞生以后，就风靡新疆。这道菜口感独特、味道新颖，既有西北人喜欢的粗犷豪气的辣味儿，又融合了老四川人为此疯狂的舌尖上的麻味儿。凡是吃到大盘鸡的食客，皆赞不绝口。

烤肉

烤肉是新疆美食的灵魂。浓郁的肉汁在口中四溅，孜然和辣椒激发了羊肉的鲜美，挥着扦子嚼着肉，再来一口冰镇啤酒，感受滚烫和冰爽的口中刺激，这是属于每个新疆人独有的记忆。记住，烤肉吃的不是热量，是艺术。用"国色"干红葡萄酒搭配新疆特色烤肉的鲜嫩，二者的结合必是美味相伴。

手抓饭

硕大的铁锅里满满一锅抓饭，雪白油亮的米饭中红红的羊肉丁、橘红色的胡萝卜丝、淡绿淡紫的洋葱丝点缀其间，最上面往往还摆几块羊骨头或几块羊肉，有的还加上葡萄干、各种果脯、杏仁等，琳琅满目，看着就流口水。

烤包子

烤包子主要是在馕坑烤制。包子皮用死面擀薄，四边折合成方形。包子馅用羊肉丁、羊尾巴油丁、洋葱、孜然粉、精盐和胡椒粉等原料，加入少量水，拌匀而成。把包好的生包子贴在馕坑里，十几分钟即可烤熟，皮色黄亮，入口皮脆肉嫩，味鲜油香。

/旅游小贴士/

地址：新疆石河子市南山新区南七路88号
电话：0993-2830888

石河子位于新疆准噶尔盆地南缘，是个由军人选址、军人设计、军人建造的城市，被联合国评为"人居环境改善良好城市"。

交通：

新疆位于祖国的大西北，虽旅途漫漫，但好在交通便利。

航空方面，一般选择先到乌鲁木齐，游玩的同时可以做适当的休整和补充，为接下来的探索之旅做好充分的准备。

铁路方面，有的地方没有直达新疆的列车，需要中途中转，耗时较长。所以最好买好中途车票，到站取票不耽误行程。

公路方面稍显辛苦，车程较久，但是戈壁的风光也别有特色，若是换个角度来看，也是一种别样的风景。

飞机

石河子本地现已有机场，距离酒庄约15分钟车程。现已开通至成都、北京、哈密、伊宁等城市的航班。

火车

石河子不作为始发站和终点站发车，不过有一些火车班次（5801/5802次、1043/1044次、5803/5804次）会途经石河子，如奎屯－西安、乌鲁木齐－阿拉山口、奎屯－乌鲁木齐。

公路

石河子到垦区各军团及其他地区的长途班车班次较多，十分方便。从石河子出发，可抵达的终点站有147团、148团、149团、150团等，以及奎屯、乌苏、博乐、伊犁、塔城、阿勒泰、白碱滩、昌吉、新湖总场、芳草湖、乌鲁木齐、玛纳斯、兰州（季节性发车）等。

随身、随性，
仪尔庄园·乡都酒堡畅游记

Follow Yourself, Enjoy the Moment

当我们翻开焉耆盆地葡萄酒发展的历史，
"仪尔庄园·乡都酒堡"（以下简称"仪尔乡都"）是一个永远都绕不开的名字。
在仪尔乡都落户焉耆之前，
仍然有不少人怀疑那片荒凉的戈壁能否种出晶莹的葡萄。
没有先例可寻，没有经验可依，仪尔乡都如同一位荒漠里的独行者，
从1998年种下第一株葡萄苗，到现在四万亩葡萄园，
真可谓"昔日一片戈壁滩，今日绿洲连成片"，
这份壮举值得每一位热爱葡萄酒的人亲身前往，去见证，去感受。

酒庄志 Winery Profile

创立时间：2002年

所在地：新疆巴音郭楞蒙古自治州焉耆县七个星镇

酒庄面积：7.2万平方米　　葡萄基地面积：40000亩

主栽品种：霞多丽、品丽珠、赤霞珠、蛇龙珠、玫瑰香、西拉、红提

标志性建筑：乡都葡萄酒文化馆、罗马柱广场、游客中心、地下酒窖

◀ 酒庄庄主 李瑞琴

葡萄之乡 / 美酒之都

"乡都"是法语LES CHAMPS D'OR的音译，
原意为"金色的田野"，
也深藏着"葡萄之乡，美酒之都"的愿景，
乡都酒业的起步也恰恰应和着这个品牌的内涵。

1997年，办过砖厂、建过皮毛厂、做过边贸生意的李瑞琴，怀揣历尽千辛万苦挣来的资金，回到焉耆县七个星镇，决计在西戈壁开荒种葡萄。当时全家人包括最亲密的朋友都震惊了：在千年贫瘠的戈壁上搞种植，无异于沙海淘金，简直是痴人说梦！

李瑞琴深知，这是一件前无古人的事业。在一片反对声中，她顶着压力毅然地奔走于新疆农科院、中国农科院之间，投入200多万元多次反复论证戈壁滩开发葡萄项目的可行性。仪尔乡都要种葡萄、酿葡萄酒，这件事在当年的戈壁滩上算是奇闻了，原本寂静的戈壁变得热闹起来。政府不相信、专家没有十足的把握、人们在背后议论她。"把钱扔到水里还能听个响，戈壁上就没有种葡萄的先例""放着好日子不过，瞎折腾"……种种议论纷至沓来，但李瑞琴有一个坚定的信念，绿化荒滩、造福当地，一举两得，再难也要坚持，"以前办企业是为了摆脱贫困让家人过上好日子，现在种葡萄是要回报第二故乡，让戈壁绿起来，让乡亲们富起来！"

这究竟是一片怎样的土地，让李瑞琴如此执着，让仪尔乡都得以安身于此，酿造出高品质的葡萄酒呢？

仪尔乡都的葡萄园位于天山南麓、霍拉山东侧的霍拉山洪冲积扇缘地带，天山雪水融化的开都河与大巴伦渠古河道由西至东南从葡萄园旁流过，这里的土壤大部分由粗沙、细沙和少量砾石构成，质地由粗变细，土层由薄变厚，土壤有机质逐渐增加，恰恰迎合了喜弱酸耐盐碱的葡萄作物，对糖分、单宁、香气、色素的形成和积累都有促进作用。再加之焉耆盆地是典型的中温带荒漠气候，降水稀少且日照时间长，热量丰富，昼夜温差大，这些都是酿酒葡萄生长所需的天然优势资源。

2002年，仪尔乡都完成第一期工程3000吨葡萄原酒生产线，600平方米地下酒窖，用自产的葡萄酿出了焉耆盆地第一款天然有机红葡萄酒——乡都解百纳（现更名"金贝纳"），迈出了巴州地区发展葡萄酒产业第一步。从第一瓶葡萄酒诞生到现在，已经过去了整整十五年，仪尔乡都已建成年加工原酒能力为10000吨规模的生产线，拥有40000亩自有葡萄园，3000平方米顶级地下酒窖。曾经的荒凉戈壁真的变成了金色田野，风景如画，美酒醉人，随我们来吧，去感受那份美好！

致敬历史丶沉淀文化

美丽的仪尔庄园·乡都酒堡坐落在焉耆县七个星镇，是集葡萄酒酿造和工业旅游为一体、可供消费者体验浏览的7.2万平方米的国家AAA级旅游景点和国家工业旅游示范点，距库尔勒市仅42千米，距焉耆县城28千米。一个小时的车程便能让我们从闹市之中解脱出来，步入这座神秘的酒堡，迎接你的是浓郁的葡萄酒文化气息。

走进仪尔庄园·乡都酒堡，迎面正对的便是宏伟壮观的乡都罗马柱广场，这是一个半围合式的古罗马剧场风格的小型广场，16根擎天的罗马柱如同守护神般矗立在广场之上。徜徉在气势恢宏的花岗岩罗马柱之间，仿佛还能听见猛兽嘶吼、人声沸腾的古罗马历史场景，但眼前却是一片静谧而祥和的酒堡氛围。古罗马时期，葡萄的种植面积得到空前的扩大，葡萄酒也由贵族的专属饮品变得更加平民化，葡萄酒也开始朝着现代人类的口味发展。或许是仪尔乡都在向热爱葡萄酒的古罗马时代致敬，或许是他们自勉要酿造出更多普通人喜爱的好酒，无论怎样，仪尔乡都广场的宏伟让每一位来访者都眼前一亮。

广场的北侧是仪尔乡都葡萄酒文化馆，浪漫的欧式墙壁地砖和优雅的水晶吊灯映射出柔和昏黄的光，让整个文化馆透着一股神秘

与高贵。仪尔乡都葡萄酒文化馆由五个分区组成，一区介绍仪尔乡都的自然资源及产品资源优势；二区介绍葡萄酒品酒及储藏的基础知识；三区介绍中国的葡萄酒发展史；四区介绍世界的葡萄酒发展史；五区介绍仪尔乡都"中国品牌、世界打造"的战略理念以及历年来获得的社会及专业荣誉。

让人印象最为深刻的是8个由软木塞拼成的大字——"中国品牌，世界打造"。那面墙壁下是仪尔庄园·乡都酒堡的辉煌与成就。董事长李瑞琴曾说过，好葡萄酒是种出来的，没有产品质量，品牌就无从谈起。正是有了这样的初衷与坚守，成立15年以来，乡都系列葡萄酒赢得了数不清的荣誉，甚至从国内走向了国外领奖台！2015年，乡都品丽珠干红葡萄酒入选法国《贝丹德梭葡萄酒年鉴》。

2016年，乡都安东尼2012、乡都品丽珠干红葡萄酒2013和乡都典藏干红葡萄酒2013，荣获GILBERT & GAILLARD葡萄酒杂志2016国际葡萄酒大赛三项金奖。2017年，乡都安东尼系列品丽珠干红葡萄酒2014以及赤霞珠干红葡萄酒2014两款产品，获柏林葡萄酒大奖赛冬季赛中国赛区金牌。随着这些年品系增多，目前乡都酒业形成了五大系列共60多款单品。谈起这些荣誉，乡都CEO邹积赟却说，"荣誉是有保鲜期的，而文化却是需要有时间的积淀的"。

沉淀文化，这正是葡萄酒文化馆的意义所在。文化馆的玻璃橱窗里摆放着诸多与葡萄酒有关的文物；墙壁上则是一幅长达十余米的芦苇长卷，片片芦苇叶成为巧匠的"颜料"，描绘了一部属于葡萄酒的文明史；长廊尽头是一组组照片，记录着仪尔乡都的往昔和今朝。昔日黄土朝天，今朝绿树成荫，强烈视觉冲击下能真切感受到仪尔乡都人十五年一路走来的艰辛和努力。

◀ 酒庄酿酒师 杨华峰

随身随性 / 生态酿造

　　广场身后，是一座风格古朴、造型简约的长弧形建筑，犹如一位美女，静卧在霍拉山下，聆听着远古农耕文化与现代文明的喁喁私语。那里是仪尔乡都3000吨生产车间，属于仪尔乡都的一期工程，是初期中法合资企业时的综合生产系统，建于2002年，由法国顶级建筑设计师伊夫·卡塔拉先生亲自设计。2007年，仪尔乡都又建设了二期工程，二期全套生产设备采用国内外先进技术，意大利灌装生产线的运行实现了灌装过程的自动化，保证了仪尔乡都系列产品的完美品质。酿酒葡萄采摘后将在车间内经过分选、除梗、破碎、发酵等程序酿制成酒，然后再经过贮藏、陈酿、调配、澄清、冷冻、过滤、装瓶、仓储等多道工序后才能呈现在大家面前。

　　不仅仅是硬件设施过硬，仪尔乡都的酿酒师团队也是中西结合，实力强劲。法国勃艮第一级酒庄"波玛酒庄"园主、法国勃艮第博恩葡萄酒大学(CFPPA)教授多米尼克·华先生是仪尔乡都的酿酒顾问。2013年，国家葡萄酒专家委员会委员、全国酿酒标准化技术委员会葡萄分技术委员会委员杨华峰加入仪尔乡都，初到这里，杨华峰就对每款仪尔乡都葡萄酒的风格进行了详尽的了解："仪尔乡都酒业所酿制的葡萄酒融合了法国传统的酿造工艺及理念，多年的实践悟出了'随身随性'的酿酒心经。我们酿酒师所要做的工作就是在充分尊重生态环境的前提下，呵护好每一棵葡萄树，酿好每一瓶葡萄酒。"在酿酒时，杨华峰每天都要通过品尝来监测葡萄酒发酵的进行，他会根据每一罐酒在不同时期的变化随时调整各项酿造工艺，帮助每一罐酒实现真正的自我，但又不失仪尔乡都产品的风格。在酿酒团队的共同努力下，乡都干白、乡都干红、乡都金贝纳、乡都拉菲特、乡都安东尼、乡都典藏等传统产品品质提升有目共睹，还相继研发出仪尔乡都昙花、仪尔白兰地等新品。

仪尔庄园·乡都酒堡的休闲酒吧是品尝葡萄酒的最佳去处，柔和的灯光映衬着吧台一片温馨，在美妙的音乐声中，仪尔乡都葡萄酒在剔透的高脚杯中慢慢醒来，在这里有几款仪尔乡都的代表产品要强烈推荐给大家！

乡都安东尼干红葡萄酒

乡都安东尼是仪尔乡都葡萄酒高端品质的象征，更是一款旗舰产品。乡都安东尼的瓶标是由法国先锋艺术家尼古拉·安东尼亲手绘制并以他的名字命名。艺术的瓶标诠释了"中法友谊世代友好"的真诚愿望。这款酒选用葡萄园里10年以上树龄的赤霞珠，经过了法国橡木桶陈酿。酒体呈宝石红色，晶莹透亮；具有明显咖啡、可可等橡木桶陈酿香气和美妙的红色浆果气息，甘草、雪茄等香气是这款酒的惊喜，口感匀和醇厚，质感细腻如丝绸般柔滑，余味悠长。

乡都·金贝纳

乡都·安东尼

乡都金贝纳干红葡萄酒

这款酒是乡都葡萄酒的开端，是仪尔乡都梦想的起点，也是现在乡都葡萄酒体系中的亲民产品。酒体呈宝石红色；闻香馥郁，黑色浆果的甜香和酒香馥郁怡人。衡量一个酒庄的优秀与否，一定不要用它最好的产品去衡量，而是要去品尝它最普通的酒，而乡都金贝纳每年产量较多，在普通的超市、烟酒店和饭店餐馆里都可以见到它的身影，它经常出现在新疆人的生活中，十五年来见证了无数人的欢聚时刻！

仪尔·白兰地

仪尔XO白兰地

　　杨华峰加入仪尔乡都不久，便针对企业发展和生产需要，申请备案了戈壁葡萄酒、迟摘葡萄酒和葡萄蒸馏酒三个企业标准，进行了蒸馏酒生产单元的生产许可申请，参与焉耆酿酒葡萄标准体系中相关标准的编写和修订等工作。2014年，仪尔乡都的新产品——葡萄烈酒及白兰地顺利推出。"男孩喝红酒，男人喝波特，英雄喝白兰地"——古老的法国谚语奠定了白兰地在葡萄酒世界中的地位。这款仪尔XO白兰地无疑也是一款硬派风格的英雄酒，采用罕见的莎斯拉名种葡萄，运用法国干邑地区传统的夏朗德壶式蒸馏器精馏而成，再放入橡木桶陈酿8年以上才能登上餐桌。在仪尔庄园·乡都酒堡，时间如一把锐利的刻刀，将这款白兰地修饰得完美无瑕。香气馥郁、入口醇润，后味绵延纯净且持久。

吃货天堂 / 风景无限

　　经过了葡萄酒的洗礼，是不是内心也随着安静了下来了呢？乡都酒堡可还有好多值得去的地方，去篝火广场点燃篝火跳起舞，去旅游纪念品商店里买买买，去葡萄酒DIY工作室酿造一款自己的专属葡萄酒。2016年开始，乡都酒堡生态旅游景区又新增了自助烧烤、垂钓、品种园采摘等诸多户外体验项目，尽情嗨玩！

　　@海和天空：库尔勒，新疆一个美丽的城市。有好吃的香梨，有美丽的孔雀河，更有七个星镇的乡都酒堡，到了这里，大家会看到绿色庄园，千亩葡萄园，万只白鹅和数不清的藏酒。观摩酒窖，品尝美酒，欣赏文物，参加篝火晚会。

　　@我的缪斯：无论是古梨还是小香米，还是新疆仪尔乡都的葡萄酒，它们的成功就在于用心去做好产品，更在于懂得与自然共存，尊重土地上的一草一木，才成就了它们今天的独一无二。我们常说，中国缺乏民族品牌，其实中国是缺乏高质产品，缺乏正确的消费者意识，因为品牌也是依产品而生，产品是为消费者而存。

　　@苏桂强：去了新疆库尔勒的乡都酒业，太震撼了！竟然在戈壁滩上种出了4万亩葡萄，佩服之外就一直寻思，这么好的葡萄酒、葡萄籽、葡萄皮等都是宝。想先整一批美颜的葡萄酒会有朋友喜欢吗？等不及去酒堡游玩了！

　　噢！差点忘了一个重要的地方——"吃货天堂"宴会厅，仪尔乡都中西合璧式风格的宴会大厅可同时容纳200人举办品酒会、各类宴会以及会议。宴会厅辅助设施有清真厨房，用餐包厢2个，VIP休息室3间，普通休息室2间。宴会厅采用名贵的柚木、桃花心木、沙比利木、樱桃木等材质打造室内木艺和家具，简直是高端大气上档次，低调奢华有内涵！

　　手抓肉、烤肉、大盘鸡、秘制酱牛肉、红烧鱼块、西红柿炒土鸡蛋、抓饭、拉条子……宴会厅的大厨们最拿手的就是各式各样的新疆本地菜，抄上一瓶仪尔乡都葡萄酒，宴会厅里喝个痛快！喝多了也不怕，仪尔庄园·乡都酒堡垂钓区的蒙古包和供游客们休息的客房，睡上一觉，再去领略南疆的无限风光！

　　南疆的风景可不是只有戈壁滩哟！距离乡都最近的就是巴音布鲁克大草原，那里是海拔2500米的禾草草甸草原，也是天山南麓最肥美的夏牧场，那里还有美丽的天鹅湖，那是一片由众多小湖串联而成的沼泽地，天鹅湖还是全国第一个天鹅自然保护区，水草丰茂、气候湿爽、风光旖旎！

旅 / 游 / 路 / 线

地理位置：

　　新疆乡都酒业有限公司位于新疆巴音郭楞蒙古自治州焉耆回族自治县七个星镇西戈壁，地处218国道645千米处。

乘车线路：

　　从乌市出发如乘车前往焉耆县七个星镇（全程约450千米），路过达坂城，沿途可参观达坂城风力发电站，在托克逊吃特色拌面，后翻越天山干沟抵达和硕县，继续沿高速前行抵达焉耆县七个星镇。或乘火车先前往库尔勒，参考车次：Z6502始发8:40-到达13:07分；Z6506始发13:06-到达17:22分（参考票价：硬座69元，软座107元，硬卧123元，软卧186元）。全程用时4小时27分便可到达库尔勒，再乘车前往乡都酒堡生态旅游景区。

自驾游：

　　从库尔勒市出发进入和库高速公路，在紫泥泉高速路口下高速后直行进入218国道，行至218国道645千米处（可见到仪尔庄园·乡都酒堡的户外大牌）右拐进入仪尔乡都大道，前行200米，即到达乡都酒堡生态旅游景区。

自由行：

　　巴州客运站乘坐库尔勒前往七个星镇的班车，到达七个星镇，沿仪尔乡都大道前行2千米，即到达乡都酒堡生态旅游景区。

　　乡都酒堡里有良好的住宿条件，也可酌情选择在库尔勒市、焉耆县预订宾馆。

走进中信国安的葡萄酒世界
来一次"穿越"吧

A Travel to CITIC Guoan's Wine World

有这样一款葡萄酒——
它诞生在历史的长河中，世上沧海桑田，酒香愈发迷人；
它流传于古老的传说里，时间流转千年，传说变成现实；
它曾是旧时光里的记忆，佳人离合聚散，它见证始终；
它如今无处不在，伴随欢笑无数，穿越繁华市井……

这样一款葡萄酒来自中信国安葡萄酒业，他们将自然恩赐转化为琼浆珍酿奉献给每一位消费者，
他们看重禀赋，也倚重信念，他们"信自然，造不凡"。
天山脚下，葡萄故乡，有生之年，必往之地！
不过，在了解中信国安葡萄酒之前，先来讲一段和它有关的故事，
听完后您会对那里有更多的期待！

信自然造不凡

中信国安葡萄酒业
CITIC GUOAN WINE

酒庄志 Winery Profile

创立时间：1997年
所在地：新疆昌吉回族自治州玛纳斯县
酒庄面积：252亩
主栽品种：赤霞珠、霞多丽、美乐、西拉、小芒森、
　　　　　雷司令、贵人香、马瑟兰等
玛纳斯酒窖面积：6000多平方米

穿越千年的葡萄酒香

尼雅葡萄酒的故事，
一直在丝绸之路上百转千回地流传着，从未间断过。

　　看过《鬼吹灯》或者对考古感兴趣的朋友们一定不会忘了那神秘的精绝古城吧！据《汉书·西域传》中记载，"……精绝国，王治精绝城，去长安八千八百二十里，户四百八十，口三千三百六十，胜兵五百人……"。精绝古城曾是丝绸之路上商旅的必经之地，因此成为东西方文化的交汇之所，被中外学者们称之为"尼雅文明"。

　　有趣的是，考古学家在位于新疆的尼雅遗址中发现了保存完好的葡萄园遗迹，千年的葡萄根木匍匐在地，行距株距相当整齐。据佉卢文文字记载，在尼雅文明的繁盛期，葡萄酒的酿造技术已经非常成熟，葡萄酒是上流社会的奢侈品，为人们珍视和收藏。民间百姓以葡萄酒为税收上缴国库，供王室贵族们享用。在一些残存的木简上，还记载着当时百姓嫁女，以男方家的葡萄园面积来衡量富有程度。浓郁如丝绸口感的葡萄酒，默默滋养着这个富庶殷实的古代城国。作为出口贸易支柱的葡萄酒，也通过漫长的丝绸之路向其他西域诸国及中亚流传。

　　尼雅葡萄酒的故事，一直在丝绸之路上流传着，从未间断过。如今，这个故事被再度实现，经过对尼雅文化的探寻和研究，中信国安葡萄酒业实现了尼雅葡萄酒文化的复兴与重构，让尼雅古老的葡萄酒历史重见天日，让世人有机会近距离感受那飘荡千年的葡萄酒香。

曾经的西域 / 如今的新疆

新疆自古以来属于西域，而西域历来是一个名副其实的葡萄酒产地。《史记·大宛列传》中记载着，张骞出使西域途径大宛，看到"宛左右以蒲桃为酒，富人藏酒至万余石，久者数十岁不败。俗嗜酒，马嗜苜蓿……"

两千多年前，张骞将西域的葡萄及葡萄酒酿造技术引进中原，促进了中原地区葡萄栽培和葡萄酒酿造技术的发展。两千年后，追求更高品质的酿酒人在新疆又发现了诸多适合酿酒葡萄生长的地方。现在的新疆，往东有吐哈盆地，往西有伊犁河谷，北有天山北麓，南有焉耆盆地，这些地方都是种植酿酒葡萄、酿造葡萄酒的绝佳产区。随着国家"一带一路"战略的兴起，重现丝绸之路的繁华景象指日可待，这些葡萄酒产区里也一定会诞生更多优质的葡萄美酒。

"旧时王谢堂前燕，飞入寻常百姓家"，曾经古代王室的专属，未来会走入每一个家庭的餐桌，唯一不变的，是大美新疆沉淀了千年的风土气息。

四个小产区，
共同诉说新疆风土

　　"尼雅""西域""新天"三大品牌，都汇聚在中信国安葡萄酒业旗下，成为中信国安葡萄酒业品牌上的"三驾马车"，满足了不同消费人群的需求。那造就这些精品佳酿的地方是一幅什么模样呢？跟我来吧，踏上一条属于葡萄酒的奇遇旅途！

　　中信国安葡萄酒业股份有限公司隶属中信国安集团，是集葡萄种植、生产、贸易、科研为一体的大型葡萄酒上市企业，坚持"倡导产地生态消费，引领品质生活"的理念，成为小产区生态葡萄园建设的倡导者和践行者，在新疆规划建设了天池葡园、玛河葡园、昌吉屯河葡园和伊犁河葡园四个精品小产区生态葡园，其中天池葡园、玛河葡园、昌吉屯河葡园都地处于1990年被联合国教科文组织设立的"博格达《人与生态圈》保护区"范围内。在葡萄酒世界里有一条不成文的潜规则，产区越小，管理越精细，出产的葡萄酒品质也往往越高。玛纳斯小产区生态葡园在2017年获得了国内首个小产区认证。

　　好产区就是从源头保证了葡萄酒的高品质，中信国安葡萄酒业斥资与权威专家及院校一起对葡萄园采取专业化管理，结合产区气候与土壤，从葡萄品种的种植、架型、限产等多方面开展深入研究。而这份对风土的孜孜追求也换来了多方认可和关注，2016年7月，新疆天山北麓·玛纳斯葡萄酒产区风土研讨大会上，《新疆天山北麓玛纳斯产区赤霞珠葡萄酒风格的发掘与固化》发布，这是首个在世界顶级科研杂志上发表的中国葡萄酒产区风土报告。并随后获得了中华人民共和国生态原产地保护认证，成为新疆首个获得"国家生态原产地保护"认证的葡萄酒企业。

　　为了将每一块葡萄园独特的风土完美展现出来，中葡酒业分别在新疆玛纳斯、阜康、石河子、伊犁和山东蓬莱建立五大生产厂，引进了全套法国、意大利先进的葡萄酒酿造设备，更有法国酿酒专家弗莱德·诺里奥(FRED NAULEAU)领衔的酿酒师团队，秉承传统酿酒工艺，接轨世界前沿技术，让葡萄品种的天然果香与产地得天独厚的地域特征通过极具代表性的旧世界酿酒风格淋漓尽致地展现出来，用心赋予每一桶酒以生命，打造出无与伦比的天然珍酿！

　　迄今，中葡酒业产品屡次在国内外大赛中摘金夺银，先后在法国布莱堡国际葡萄酒挑战赛、布鲁塞尔国际评酒大赛、吉伯特&盖拉德国际葡萄酒大赛、柏林葡萄酒大奖赛等诸多葡萄酒国际赛事中屡获金奖，累计已获得上百个奖项与荣誉。

▲ 首席酿酒师 弗莱德·诺里奥（FRED NAULEAU）

法国酿酒师的中国梦

20世纪90年代末，国内掀起发展葡萄酒的浪潮，越来越多的企业涉足葡萄酒行业。特别是中国加入WTO之后，国际交流日趋频繁，葡萄酒产业迫切需要大批酿酒技术人才。论名气，当属法国酿酒师最受欢迎。中信国安首席酿酒师弗莱德·诺里奥（FRED NAULEAU）就是在这期间来华交流的法籍酿酒师之一。

弗莱德出生于法国西部卢瓦尔河谷地区的葡萄酒世家，他童年、少年时期大部分假期时光都是在爷爷奶奶家的葡萄园里度过的。耳濡目染，弗莱德自然而然地选择了酿酒师这份职业，入行后热爱自由的他坚持了十余年的旅行酿酒，曾跨过山和大海，也曾穿过人山人海。直到2000年，他来到中国新疆，便安定于此，一晃便是十七载。弗莱德在这里度过了17个榨季，收获了不同的年份；他也在这里娶妻生子，建立了美满家庭。这里的同事总是会亲切地叫他"弗总"。他熟悉这里的一切，这里的人也熟悉他。弗莱德曾在2010年荣获中国政府"友谊奖"（中国政府为表彰在中国做出突出贡献的外国专家而设立的最高奖项），并在人

民大会堂受到国务院领导亲切接见，成为获得此项荣誉的50位外国专家中唯一的一位酿酒师。是什么吸引了他？弗莱德说，可能是这里碧绿的葡萄园，白色的雪山，热情的阳光和潺潺流淌的玛纳斯河。"新疆是一个令人惊讶而迷人的地方，这是一个庞大的区域，几乎是法国国土面积的三倍，它的地形、气候极具多样性，在几个小时的驾驶车程中，可以感受到沙漠的热量，绿洲的安宁，令人舒畅的草原以及纯净的峰顶。在人文方面也千姿百态，这就是为什么虽然不是同一国家的人，但我们相处的却像家人一样，这个世界需要多样性与和谐，在葡萄酒产业也一样重要……"

现在，这位法国酿酒师还有一个伟大的中国梦，"我热爱酿酒，因为它与四季的自然循环紧密联系。在法国，葡萄酒深深地扎根于那里的文化，它与艺术、文学、历史甚至宗教联系紧密。我在中国的最大梦想，就是想让葡萄酒融入到博大精深的中国文化中"。

让我们来认识一下中葡酒业的四个小产区和它们各自的代表产品吧！

玛河葡园

玛河葡园地处准噶尔盆地南缘，依傍天山北麓最大的河流——玛纳斯河，属于典型的温带大陆性干旱气候，四季分明，光照充足，热量丰富。玛纳斯河由天山第二大冰川融雪汇聚而成，经冲积平原延伸至沙漠，冰川融雪是葡萄园的主要灌溉用水，水质纯净，富含矿物质。葡园分布在河流两岸的山前冲击缓坡上，平均海拔350～450米，全年光热资源极佳，活动积温≥0℃）4042℃，昼夜温差20℃以上，干燥少雨，蒸发量大，葡萄果皮更容易积累深沉的颜色，并达到良好的成熟度和浓郁度。河流分支形成的广袤湿地成为一道屏障，有效缓和夏季高温，与凉爽的夜晚一同延长了葡萄的生长期，为积累细腻的酸度和香气提供条件。

尼雅年份粒选赤霞珠干红：玛河葡园的代表产品之一。原料经过手工逐粒筛选，12～14个月全新法国橡木桶陈酿。酒体呈深宝石红色，有成熟黑色与红色水果、橡木等气息，香气馥郁，口感浓郁，单宁柔滑，余味悠长。

尼雅年份霞多丽干白：采用玛河葡园20年树龄的霞多丽葡萄酿造，经法国橡木桶培养6个月。酒体呈明亮的禾秆黄色，散发着淡淡的槐花、新鲜的柑橘、黄桃及优雅的核果、奶油气息，酸度活泼，口感圆润和谐，余味清新爽净。

西域沙地赤霞珠干红1997：选取玛河葡园优质赤霞珠作为原料，经法国橡木桶发酵，并在橡木桶中陈酿至少12个月以上。酒体呈深宝石红色，具有黑色成熟浆果及可可、李干等香气，口感圆润，酒体平衡、结构感强。

伊犁河葡园

中国唯一自东向西流淌的河流——伊犁河从这里穿过，伊犁河谷地处新疆最西端，天山山脉之间，被誉为"塞上江南"和"西域湿岛"，向北毗邻有"大西洋最后一滴眼泪"之称的赛里木湖。伊犁河谷属于海洋季风和受高海拔影响的温带大陆性气候，呈现出温和湿润的气候基调，春季湿润，夏秋凉爽干燥，冬季温和。酿酒葡萄于4月初萌芽，10月上旬采收，生长期超过180天。较长的生长期，利于葡萄风味物质的缓慢成熟、最大限度的积聚，使酿出的葡萄酒经过陈年后依然具有明亮的颜色和坚实的骨架。此外，生长时节与成熟时节水分需求均得到满足，使葡萄在健康生长的同时，缓慢集聚出丰富细致的香气和优雅的酸度。

尼雅酿酒师雷司令干白：伊犁河葡园的经典之作，该酒呈优雅的浅禾秆黄色，新鲜的柚子、柑橘和白花气息，具有鲜明的雷司令品种香气，口感新鲜，酸度适宜。

天池葡园

　　天池葡园位于阜康市，这里距离4A级国家风景区——天山天池仅有38千米，与天山最高峰——博格达峰遥相呼应，背靠着终年白雪皑皑的天山山脉，葡萄园位于沙漠边缘，海拔450～700米的冲积洪积倾斜平原上，采用纯净天山融雪灌溉。

尼雅酿酒师优酿赤霞珠干红：诞生于天池葡园的它，经过12月的橡木桶陈酿，变得更加成熟、复杂。酒体呈迷人的宝石红色，优雅的橡木香气中融合成熟黑色浆果香气，酒体丰厚，入口芳醇，余味绵长。

昌吉屯河葡园

　　昌吉屯河葡园位于西域历史名城"北庭都护府"遗址所在地——昌吉，平均海拔420米，地形南高北低，中部为冲积平原，南部为天山山地，北部是古尔班通古特沙漠，由南向北从山地气候向沙漠气候转变，葡园分布于三屯河两岸，头屯河左岸，两条河的冰雪融水为葡萄园提供了充沛的水源。

新天干红葡萄酒：酒体呈宝石红色，具有清新的红色水果香气，入口柔和圆润，酒体饱满平衡。

来玛纳斯吧，
见证一瓶好酒的诞生！

说了这么多，跟我们一起去玛纳斯，
见证一瓶好酒的诞生过程！
在此之前请看看到访过的网友们都是怎么评价这里以及中信国安的葡萄酒！

@西域北山羊：玛纳斯中信国安葡萄酒厂，超大的葡萄酒发酵罐，里面可都是美味的葡萄酒！五种不同的葡萄酒连着喝两轮，开始有晕的感觉了，个人感觉口感最好的还是一款尼雅干白，具体名字忘记了。玛纳斯县中信国安的酒确实不错！

@J***F：清风桃红系列很适合女士喝哦，口感甜润、开瓶后弥漫着水果的香气，超级赞。夏季还是挺适合喝桃红、甜白的，清清爽爽的。包装还那么精致，一口气买了好几套，自己留一套，其他都送人了。

@谁***酒：尼雅葡萄酒无论酒瓶、圆筒还是手提袋都非常精美，充满了中国风情，看着就会让人很舒服，和国外的葡萄酒形成鲜明对比，高端大气上档次，无论是放在家中观赏以待品鉴还是送给亲朋好友都很不错。期待品尝后口感也能给人惊喜，能像古诗中描写的葡萄美酒感觉一样，送的尼雅定制海马刀也很好看，当做小收藏也不错。

　　七彩的天山之秋，清晨葡园里带着雾气的金色阳光，浓得化不开的紫、吹弹可破的青……每天，亿万颗晶莹剔透的小果子借由人类的手从大自然的身体上取下，准备进入新的轮回。如果此时你也在玛纳斯，你就会知道：这里正在进行的并非一场丰收，而是一场人与自然的合力创作。

　　葡园的忙碌将持续到九月底，一颗颗蒙着白霜、黑得发紫的小果子被一串串摘下，放入筐中；一担担挑出葡园，装满丰收的车……那车将满载着丰收驶向奇妙的"宫殿"，在玛纳斯东南2000米的地方。

　　传统酿酒法是女人采下葡萄，男人并排唱歌，用脚踩碎葡萄，榨出葡萄汁。现代化的酿酒流程则增加了更多的环节，如验收合格的葡萄要再进行穗选、除梗，要取得更高的品质，葡萄要经过粒选才能投入酿造。仅仅是穗选、粒选两道工序，一条生产线就需要20位员工。20个人，40只手，从传送带上熟练而迅速地捡出次果、青果等，这不光需要极大的耐心，如何严选、如何练就速度，其中还有极大的学问。中葡酒业的粒选极为严格，均匀大小、果粒健康完整，一粒一粒地筛选，昼夜二十四小时不停歇，直到全部的葡萄入罐为止。

　　沿中葡酒业玛纳斯厂的大门走进去，是一片开阔的花园，花园左侧的地下沉睡着上千只橡木桶。而径直走过花园，你将看到四间巨大的房子，房子里矗立着数十个十几米高的罐子，等待被破碎后的葡萄进入发酵罐中发酵。如果你在深夜靠近这里，说不定还能听到罐子发出"噗、噗"的声音，一个个流动的生命正在成长。这一刻你一定能体会到，葡萄被摘下的那一瞬间并没有失去生命与活力，它们进入了一段崭新的生命里程。

　　一瓶饱含着玛纳斯风土气息的葡萄酒，就这样诞生了！

有你的地方，就有中信国安葡萄酒

经过多年的市场开拓，中信国安葡萄酒业在全国范围内建立起了覆盖华北、东北、华东、华中、华南、西南、西北7大核心区域市场，强大稳健的营销团队和全方位、多点式辐射的立体营销网络。

2009年，中信国安葡萄酒业在全国多个重点城市启动"尼雅葡萄酒体验馆"项目建设，为葡萄酒爱好者提供私藏、专享、定制、品鉴等一系列专业尊享服务。2013年，中葡酒业成立电子商务部开拓电商渠道。通过对线上数据资源的运用，形成对消费者需求的精准把控，有效调整销售的市场方向。线上资源与线下体验的有机整合，想喝一杯中信国安葡萄酒，无须去远方，那太容易了！

新疆的美景太多了！我们围绕着中葡酒业的四个小产区来进行简单介绍吧，要不真的讲上三天三夜都讲不完！

在玛纳斯，有国家湿地公园、中华碧玉园、西海公园、葡萄酒公园、破城子遗址、西营古城群等等。到了昌吉，好玩的去处就更多了，有国家级旅游风景区——高山湖泊天池，有海拔5445米的博格达峰，有始建于汉代的西域历史名城北庭都护府遗址，有距今3000年历史的呼图壁康家石门子原始生殖崇拜岩画，有恐龙化石发掘地、古森林化石群及鸣沙山、原始胡杨林等众多人文和自然奇观。另外，一定要去江布拉克草原看漫山遍岭的金色麦浪和夜晚的璀璨星河。

大美新疆

【风景看不够/美食吃不够】

最后重点推出伊犁，伊犁的自然风景当属草原，巩乃斯草原、唐布拉草原、那拉提草原、昭苏草原均名声在外。每年迎来无数游客；在人文景点方面，有青铜时代的乌孙土墩墓葬群、西辽西域名城阿拉力马力遗址、唐代弓月城遗址、乾隆皇帝御书的格登山记功碑和伊犁将军府、惠远钟鼓楼、林则徐纪念馆等众多的景观，伊犁见证了太多历史更替，那里有无数的故事等着你！

美食方面，到新疆当然要吃羊了！吃羊吃到撑！烤全羊，羊肉串，手抓羊肉……真的很好吃！手抓羊肉原汁原味完全不膻，烤全羊更是外焦里嫩，口感十足，再来一份大盘鸡，再来一份拌面、烤馕，再来……每次到了新疆，每顿饭都要吃到走不动，真是撑并快乐着啊！鱼搭干白，肉配干红，这虽不是万金油定律，但中葡酒业的产品够多，餐酒搭配，信手拈来！

旅游指南：

中信国安葡萄酒业五大生产厂中，首选玛纳斯全流程一体化单体酒厂，让你见识一下高品质葡萄酒的诞生历程！最好的游览季节当然是8、9月份葡萄成熟季，带上剪刀和篮子，去体验一下葡萄采收吧！

导航地址：

新疆中信国安葡萄酒业有限公司（玛纳斯镇乌伊路51号），位于省道S115路旁，交通十分便利。

交通情况：

玛纳斯只有火车站、汽车站等陆路交通，最近的机场是乌鲁木齐地窝堡国际机场。从乌鲁木齐到玛纳斯可以选择火车或者自驾，火车每天有6班次，运行时间1小时22分，票价仅19.5元，抵达玛纳斯后可以打车前往中葡酒业玛纳斯厂。玛纳斯设有城市候机楼，旅客在此可享受购票、选择机上座位、领取登机牌、乘坐机场专线大巴直达乌鲁木齐国际机场，经安检通道后直接登机的"一条龙"航空运输全面优质服务，离开时可以选择在此候机。

住宿条件：

中葡酒业玛纳斯厂主要是生产企业，并不提供住宿，可以选择住在玛纳斯县，强烈推荐葡萄酒公园旁的玛纳斯迎宾馆，不过这里经常有政府会议，要提前询问预订，县上其他的酒店可供选择的也很多，价格也都不高。

芳香庄园
戈壁滩上的世外桃源
Château Aroma：The Paradise on Gobi Desert

　　新疆和硕是古"丝绸之路"的重要通道，也是西域三十六国之一的危须国所在地。自古西域多美酒，这片古老而又神奇的土地上出土了酿酒缸、酒盏等文物。也许会像唐朝诗人所描述的那样，"鸬鹚杓，鹦鹉杯。百年三万六千日，一日须倾三百杯。" 千百年来，西域一直为人们所热切向往。今天不妨将坐标定位新疆天山南麓焉耆盆地东北部的和硕县曲惠乡，这里坐落着一座酒庄——芳香庄园（CHATEAU AROMA）。因缘于一位名叫吴磊的拓荒者，曾经茫茫的戈壁荒滩有了如今世外桃源之景，继续延续着葡萄种植和酿造的传奇！

酒庄志 Winery Profile

创立时间：2001年
所在地：新疆巴音郭楞蒙古自治州和硕县
资金投入：9003.8万元
酒庄面积：142000平方米
基地面积：2万余亩
主栽品种：赤霞珠、梅洛、雷司令、霞多丽、灰雷司令
标志性建筑：鹅卵石大酒窖、大风车
地下酒窖面积：6400平方米

[芳香故事]
有勇气的拓荒者

1995年在西部大开发的浪潮中，吴磊毅然辞去中国建设银行优越的副处职务，因他心里有了一个"小目标"。当他看到和硕县城西部曲惠河畔曲惠乡的一片荒滩，立即"动了情"。这里的山、水、42°的黄金纬度、砂土地和有机生物链，不就是自己一直在找寻的种葡萄酿美酒的希望之地吗？2001年底，吴磊便迅速筹集资金买断了这片土地，迈出了实现梦想的第一步。

在一望无垠、寸草不生的戈壁荒滩上，冬季寒冷漫长、夏天酷热难耐，春秋两季黄土漫天。但这些恶劣的条件并没有难倒吴磊，反而更激发了撸起袖子大干一场的热情。一切从零开始，先搞规划，再修造地窝子，打井、开渠、修路、拉电线……尽管喝的是涝坝水，啃的是干馒头，住的是地窝子，一批又一批来自全国各地的农民兄弟在这里集结，也许正是为吴磊的勇气和拓荒精神所感染。博斯腾湖畔，天山脚下，一幅壮美的画卷徐徐展开……

如今，从法国、英国、摩洛哥及地中海沿岸地区引进来的玫瑰、薰衣草、罗马甘菊、莳萝、迷迭香、神香草等百余种芳香植物在这片土地上蓬勃生长，成为了亚洲最大的芳香植物园。梅洛、赤霞珠、雷司令、霞多丽等世界顶级酿酒葡萄品种在此扎根。这些芳草香也赋予了这里葡萄酒独一无二、不可复制的香气，成为了芳香葡萄酒的独特标志，这也是芳香庄园名字的由来。

　　20年间，从荒漠戈壁到葡萄庄园、从农业产区到旅游小镇，吴磊将一家创业公司做成了全国首家登陆资本市场的葡萄庄园酒民营企业，做到了全国唯一一家挂牌新三板的庄园酒生产企业。目前，芳香庄园已经从最初的几十人发展到如今的几千人规模，其中不乏来自南疆四地州的富余劳动力，从农民变身产业工人。

　　吴磊的父母亲是1953年从山东支边的"疆一代"，他们为建设边疆、保卫边疆奉献了一生，也将深沉的民族情结传递给了吴磊。曾有人问过吴磊，葡萄酒是一个周期长、资金投入大、赚钱慢的产业，为什么你却一如既往地坚持了这么多年。他引用苏轼的诗句回答说，"人皆种榆柳，坐待十亩阴。我独种松柏，守此一寸心"。 我们不难看出，吴庄主将自己的一片深情投入到了所热爱的葡萄酒事业当中。

　　芳香庄园的建设不仅是吴庄主对酿酒事业的热爱，更是对和硕这一独特葡萄酒产区发展潜力所寄予的厚望。吴庄主曾寄语，"自1997年开荒种葡萄至今，我们始终呵护着庄园里的每一寸土地，每一株葡萄，因为好的葡萄是上天赐予人类的珍贵之物，所以我们一直坚持敬畏自然，敬畏土地，敬畏阳光，坚持有机的种植和酿造，给世界献上一瓶好的葡萄酒。"可见，一杯芳香美酒凝聚的不仅是吴庄主心中一直以来的一个念想，也是所有芳香人为之奋斗的目标，作为民族品牌努力让芳香品牌走向世界，为实现中国梦、民族梦做应尽的贡献！

▶ 酒庄庄主 吴磊

[芳香味道]
山水/土地之恋

芳香庄园地处天山南麓，焉耆盆地东北部的和硕县曲惠乡境内，南邻"西塞明珠"博斯腾湖，三面群山环抱，依山傍水，典型的暖温带大陆性干旱气候，四季分明，热量适中。和硕芳香庄园所在地因其独享天山、博斯腾湖带来的"山湖效应"，也被称山湖葡萄酒产区。"五度"资源形成了芳香庄园独特的满足葡萄生长的得天独厚的小气候。

注："五度"即：平均1100米海拔天山高度，185天无霜期的湖水润度，8.0偏碱性土壤的北岸坡度，2800小时光照的阳光长度和北纬42的黄金纬度。

出于对自然的感恩和土地的珍爱，从2001年正式建庄以来就坚持高标准，致力于保护当地的原生态。秉承"好葡萄是种出来的"理念，从源头上保证产品质量，继而实现了从有机到庄园酒的转变，因为只有庄园酒才能代表中国葡萄酒的高端品质。从第一棵葡萄苗种下开始，芳香庄园就期许着一款世界顶级品质美酒的诞生。为了实现庄园酒的身份，芳香庄园打造了自有两万亩有机葡萄园，特意成立了一家芳香林草公司，专事葡萄园的管理和香草的栽植工作，并制定了统一的栽培模式，对浇水、施肥、剪枝等管理都有严格的标准。

葡萄园保持7米最大行间距，保证充足的阳光和通风效果；杜绝病虫害，不施用一滴农药，坚持只施有机肥；为保证每颗葡萄的营养供给，芳香庄园将亩产控制在500千克以内，远低于国际庄园酒亩产800千克内的限定；芳香庄园葡萄酒均采用自有葡萄并在庄园内酿制、窖藏，绝无一颗外采葡萄；成熟葡萄完全人工采摘逐串筛选，确保每粒都是最健康的果实。其酿酒工厂距离葡萄种植园仅1.7千米，确保在最有效的时间里进入罐内，保证葡萄的新鲜度；从种植、酿造到灌装均由庄园管控，每滴葡萄酒都源于庄园内每颗原生态的葡萄。

为建立可持续发展的生态经济，庄园规划了香草植物园、有机蔬菜园、新疆特色百果园、棉花田、玉米田、葵花田，这里不仅是人类的生态家园，连鸟类和小动物们都来庄园安家。此外，庄园还蓄养了1万多只黑头羊、近万只鸡及乳鸽，建立起了有机生态链和循环经济发展模式。羊群帮助处理葡萄园行间的杂草，羊粪又为葡萄园提供了天然的有机肥料。除了田间杂草、秸秆之外，酒庄里发酵完的葡萄皮渣也是羊群的主要饲料。如此一来，养殖基地—葡萄园—酒厂之间便形成了一套完整的有机循环经济链。芳香庄园葡萄和葡萄酒都已取得了有机认证。

从一瓶芳香有机葡萄酒可以品尝到阳光、品尝到山水、品尝到土地，还有酿酒人的奉献！芳香庄园不仅在葡萄酒生产原料上精益求精，在酿酒工艺方面还采取了"走出去，请进来"的方法，博采众长吸纳好的酿酒技术和管理方式，保证酿出来的葡萄酒能和国际庄园级品质接轨。芳香酿酒团队多次到欧洲、美洲、澳洲等葡萄酒生产国考察学习，世界各地优秀酿酒师也经常被邀请到芳香庄园进行切磋交流，比如酒庄现任外籍酿酒顾问是来自澳州奔富酒庄的杰出酿酒师史蒂夫·查普曼。芳香庄园总酿酒师杜展成是位终身学习型酿酒师，早前师从葡萄酒泰斗郭其昌先生，秉承老一辈严谨的酿酒精神，下决心要把自己奉献给中国葡萄酒事业。自芳香成立工作至今，已顺利完成了十几个年份的葡萄酒酿造，目前是技术团队中的灵魂级人物。

[芳香之路]
未来之梦或可期

▲ 顾问酿酒师 史蒂夫·查普曼

目前，庄园以干红、干白为主打，产品分4大品系，分别是尕亚庄园系列、芳香庄园系列、红蝶谷系列和和硕谷系列，共17余款产品。芳香庄园历史上第一块金奖是在2012年第六届（烟台）国际葡萄酒大赛上取得的，这一奖项让芳香人尤为振奋，获金奖的梅洛葡萄酒也由此更名为芳香庄园金奖梅洛以示纪念。从中国优质葡萄酒挑战赛"质量金奖""金玫瑰奖"，"一带一路"国际葡萄酒大赛"大金奖"，再到布鲁塞尔国际葡萄酒大赛上的国际大奖、2017帕耳国际有机葡萄酒评奖大赛2枚金奖、2枚银奖以及中国"金牌酒庄"称号，芳香庄园不同品系的葡萄酒在国内外重要赛事上都获重量级奖项。截至目前，芳香庄园在国内、国际专业葡萄酒赛事上所获得的奖牌总数累计多达100个，这足以证明芳香庄园葡萄酒的高品质。"好葡萄酒是种出来的"，芳香庄园做到了！

近年来，芳香庄园致力于原生态保护和高标准的做法，不仅为和硕产区和自身品牌争得了荣誉，也受到了国际行业组织和国际葡萄酒行业权威人士的普遍关注和好评。国际葡萄与葡萄酒组织前主席皮特·海斯（PETER HAYES）评价说，"芳香庄园所在的和硕是一个特殊的、优质的产区，干旱、炎热的气候条件与意大利、西班牙等国相似。"；法国《农业与葡萄种植进展》杂志主编德尼·布巴尔斯（DENIS BUBALSE）评价说，"这里是世界上少有的，不使用化肥和化学药品的有机葡萄产地！"；法国酿酒师

科尼·格莱尔前往种植基地参观后也提到："这里充足的阳光、厚重的土壤、晴朗的天气、纯净的水为顶级葡萄的生长创造了一个完美的天堂。在中国，没有比芳香庄园葡萄酒更阳光灿烂的了，她是真正属于中国人自己的庄园酒！"；法国第戎大学的贝尔纳·于德洛教授也称赞"和硕芳香庄园的葡萄酒口味纯正，很有地域特色。"

　　如今的芳香庄园有了沧海桑田般的变化！经过十几年的努力，目前芳香庄园自主拥有酿酒葡萄种植园2万亩，建立了1万吨干红葡萄酒原酒车间、2千吨干白葡萄原酒车间，日产2.4万瓶现代化全自动成品灌装车间一座，拥有可存放5600桶橡木桶的地下酒窖一座，以及建筑总面积约6400平方米的"新疆第一地下酒窖"，具备仓储瓶装酒300000瓶能力。芳香庄园还创新了一种葡萄酒基地"认养模式"，参与者有机会获得美酒、有机农产品、个性化定制服务、度假游等不同权益。未来，芳香庄园还将坚持"酿酒葡萄产业与葡萄酒文化旅游资源开发相结合"，计划新建年产300吨的精品葡萄酒庄、精品酒店、葡萄酒文化博物馆、跑马表演场等设施，努力打造以葡萄、葡萄酒及葡萄酒庄文化为主的，集旅游、度假、休闲观光为一体的特色生态旅游园区。

[今朝美酒]
浓浓民族之情

Life is too short to drink bad wine.
人生如此短暂，喝酒要喝好酒。

如此健康有机的芳香美酒，此时不喝更待何时！今朝有酒今朝醉！芳香庄园葡萄酒受风土和酿酒师的影响，其感官特点为：色深，香气浓郁，酒体结构感强，单宁细滑，干浸出物高，饱满浓郁，平衡，复杂、干净，回味甜美、奇妙，变化多而持久，陈酿后有奶油、巧克力、红色果酱的香气，香料和烟熏的气息明显，复杂而优雅，值得回味和珍藏。而每款芳香美酒中都蕴含着背后动人的故事，或一段美丽传说，或独特的地域文化，歌颂的是最美的心灵，也是对大自然的感恩！

尕亚左岸
干红葡萄酒

在一片水草丰茂的草原上，博斯腾和尕亚幸福地生活着，没有世俗的干扰，没有现实的羁绊。他们奔跑、相爱，相依……直到有一天，雨神发现了美丽的尕亚想占为己有。得不到美丽尕亚的雨神发怒了，连年不降雨，河水干枯了，草原也变成了荒漠。为保卫草原，捍卫妻子，博斯腾和雨神大战99天，雨神屈服了，博斯腾也疲惫身亡。尕亚悲痛欲绝，眼泪化作了湖水，为纪念这段美丽的爱情故事，后人命名为博斯腾湖。时间变迁，芳香人坚信，博斯腾和尕亚的爱情从未间断地流淌在湖水间，埋藏在泥土中，升华在草原上，孕育着博斯腾湖畔的每一个生命、每一株树木、每一粒葡萄。

这款产品不仅有动人的故事，更是酒庄新推出的顶级佳作，在国内外专业葡萄酒赛事，诸如布鲁塞尔国际葡萄酒大赛、德国帕耳国际有机葡萄酒评奖大赛中屡获大奖，获国际权威酒评家罗伯特·帕克团队90分评分，入选了法国《贝丹德梭年鉴》（中文版）……赞誉数不胜数！深宝石红色，深色浆果味道丰富浓郁，优雅大气。入口圆润饱满，有层次，给人力量感。甜美的回味令人着迷。

金奖梅洛
干红葡萄酒

　　该品种系列的葡萄酒为芳香庄园赢得了历史上第一枚金奖。这款是最能体现芳香特色的产品，特殊的香草香气萦绕酒中，令人陶醉！初闻时有一种特殊的香草香气夹在橡木香中，给人一种清爽却又优雅的感觉。酒体丰满醇厚。

金奖赤霞珠
窖藏干红葡萄酒

　　本品优选世界名贵酿酒葡萄品种赤霞珠为原料，色泽呈迷人的宝石红色，有浓郁的黑加仑浆果香和黑胡椒的风味，味醇厚，单宁坚实、酒体丰满，平衡十分出色，富有结构感，收结完美，回味兼备深度和长度。

尕亚雷司令
干白葡萄酒

　　选用世界名贵酿酒葡萄品种雷司令为原料，采用现代先进工艺技术精心酿造而成。该酒呈淡黄绿色，澄清透明，果香浓郁，香气完整，味柔细清爽、酒体丰满、肥硕收结干净，回味还有丝丝果香萦绕口中。

[大美和硕]
风景这边独好!

踏足芳香庄园,这里是一个可以让你放慢脚步,感受自然馈赠、享受美好生活的地方。这里也有真正有机、原生态的美味:烤全羊、特色馕饼、香草烤肉、蔬菜瓜果、有机芳香美酒……这里无疑是一个远离尘埃,让心回归自然的好地方:湛蓝的天空、纯净的空气、潺潺的流水;虫鸣、鸟飞、羊儿奔跑;风车、花园、别墅、露天泳池。当你住宿庄园,热情的芳香人更会围起篝火跳起舞,邀你葡萄架下品酒话人生。欣赏十二木卡姆艺术表演,一起跳麦西莱普,都是非常难得的体验。人生何所求,芳香足以慰风尘!

走在乡间小路,你会发现从任何一个角度望去,都是整齐排列的白杨树。所以这里天蓝、水清、空气极为纯净,可称为最美乡村。每到收获季节,这里的晒秋也是一大景色。满地晾晒的红辣椒、西红柿绵延不绝,这壮观的场面也只有来新疆才能看得到!新疆瓜果最甜了,芳香生态园里的草莓、桃子、梨、杏子、葡萄都是有机生态产品,满足你田园采摘的乐趣。

世间万物皆有灵气,一寸土壤、一缕阳光、一颗葡萄在芳香庄园与人和动物形成和谐的平衡,万物共存,共同生长。去过芳香庄园的人,都见证过那里的有机生态链,成群的黑头羊,结伴寻食的家鸡和麻雁,葵园的蜜蜂,地里撒欢的小松鼠,偷食葡萄的麻雀,各种野生小动物……20年悉心保护的原生土壤,芳香与自然和谐共处,只为"有机健康,自然芳香",吸引着无数人实地探访。

来大美和硕,这里以博斯腾湖为中心串起来的全域旅游让到访的游客直呼过瘾,诸如水上娱乐游、自然生态观光游、户外探险游、民俗风情游、购物休闲游、农业观光游等。一年四季各种节庆赛事活动更是精彩纷呈,博斯腾湖捕鱼节、冰雪旅游节、博斯腾湖国际帆船赛、国际芦苇文化艺术节、赛马大会、美食大会等。博斯腾湖是国家5A级景区,看这里碧水蓝天相映成趣,芦苇睡莲相映成景,掏出手机、相机拍照留念,便能定格下一幅幅美丽的画面。

大漠、高山、绿苇、碧水等相映生辉的自然美景也只有到和硕才能观赏得到。每到博斯腾湖捕鱼节,博湖蒙古族人民身着盛装、载歌载舞庆祝开湖捕鱼。冬捕节跟渔民一起庆祝丰收,乘着马拉爬犁游览博斯腾湖。冰雪旅游节,可以到世界最大的沙漠滑雪场——白鹭洲滑雪场体验各种滑雪项目。博斯腾湖国际帆船赛是离海洋最远的内陆湖帆船赛,在沙漠里赛帆船,你想不到吧?在博斯腾湖西岸的西海渔村景区,还可尽情体验水上的"速度与激情"。

博斯腾湖素有鱼肥、蟹美、虾鲜的"塞外江南"美名。以博斯腾湖中的鲫鱼、鲢鱼、鲤鱼、赤鲈等有机鱼为原料烤鱼，是来这里必吃的大餐。"走遍南北疆，博湖鱼最香"。"五道黑"赤鲈和鲫鱼为主料的烤鱼，是博斯腾湖特色烧烤。烧烤师傅们以孜然、辣面、盐、食用油为配料烤制而成，辣而不火、油而不腻、香美鲜嫩，令人回味无穷，配以当地出产的天瑜美酒，让人垂涎欲滴！

如果你厌倦了都市里的喧嚣和繁杂，何不来一次心灵的放飞之旅。来到新疆和硕，你定会爱上这里，烦恼忧愁统统走！这里风光旖旎独特，可以跟着远古的传说去蝴蝶谷探秘，去博斯腾湖乘船赏玩，品尝特色烤鱼和原汁原味的博斯腾鱼宴；去和硕金沙滩上放飞心情，感受"新疆夏威夷"的独特魅力。新疆的优美风光和少数民族绚烂多彩而又略带神秘的文化色彩，一直吸引着人们前去探访。这里异域风情浓郁，少数民族朋友善良朴实、能歌善舞，更与汉族一家亲，格外温情！

如果你还未曾到访芳香庄园，
不妨先看看网友们对它的印象吧！

大美芳香，欢迎你！

@ACETO

　　早晨经过火焰山，沿吐鲁番坐绿皮火车，一路南下来到美丽的和硕，处处都是风景，和硕有芳香。芳香庄园地处天山南麓焉耆盆地东北部的和硕县曲惠乡境内，南邻"西塞明珠"博斯腾湖，三面群山环抱，依山傍水，土壤水分含量充足，典型的大陆性暖温带干旱气候，四季分明！我们的团员扫去一早旅行的疲惫，都被酒庄周到的安排所感染，纷纷表示，来到芳香就像回家一样！

@广州芯锐酒具郑凌

　　芳香庄园的美酒让笑容更美妙！庄园精心的各式安排让人感动，率性的吴庄主亲自解说，魅力值100分！2万亩的庄园，各种葡萄走到哪吃到哪。

@王利平

葡萄熟了！庄主用心打造生态园，酿造每一滴美酒，带给人们美好的体验！

@刘芮西

　　芳香庄园的下午，2万亩的葡萄园，处处是美景。走葡萄园、喝葡萄酒、吃葡萄，美得早已忘记这一天的疲惫。最后参观芳香庄园的畜牧养殖，羊咩咩是庄园必不可少的功臣，葡萄园里的除草、施肥都由它们完成。看着这两个跟羊群一起成长的孩子，不禁想到正在读的《牧羊少年奇幻之旅》……跟大自然一起成长的孩子，必定有着跟有机葡萄酒一样的醇（纯）。

@袁一伦ALLEN

　　20年匠心成就国人骄傲的新国货。我们讲情怀，但不会让经销商为情怀买单，而会用实实在在的竞争力为经销商创造利益，让经销商成为芳香的家人，一代又一代传承下去，做百年企业。

@小耳朵

　　早晨6点从吐鲁番山沟子里出发，汽车-绿皮火车-汽车，一路没有信号，在西域大漠里颠簸了8个多小时，终于到达美丽的和硕，芳香庄园的水果好吃到爆，让人泪流满面，吃完连自己家在哪里都忘了……这是10天以来，最最好吃最最特别的午餐，葡萄、梨子、羊腿粉汤、比面包还香的小饼，甚至连萝卜干和茶水都是那么与众不同，不枉此行，累并幸福着……

@SMILE/小新

　　抵和硕，我们今日早上6点出门之时天空还有星星，内心的崩溃可想而知，10点上火车之后都一直在忧伤，11点被同伴们的泡面味熏醒，蹭桶泡面振奋一把决定不迷糊了！一路戈壁风貌，蓝天白云，心情也跟着嘚瑟了起来，可是，还是很累人的！1点多疲惫不堪地抵达芳香酒庄，房间里给我们准备了上午10点园子里摘的葡萄，准备了酒和坚果，窗外向日葵花海，房间干净且舒适，如此贴心，我被感动得鼻涕都要掉下来了！疲惫一扫而光，各种开心啊～园子好大，饭好好吃……感恩，感动！

　　早～羊咩咩，葡萄园，人。昨儿广场的晚宴会有表演，吸引了住在周边的少数民族朋友们，他们应该也都是种植园的工作者，期间我们和他们一起唱一起跳，男人们，女人们，小朋友们，表演者们，我们唱歌，我们跳舞，我们喝酒，葡萄酒虽为农产品但也真实地赋予了我们很多很多的快乐呢～让每一个人在某一个时刻忘记许多阻碍，尽情地释放自我。入住芳香的两天有太多的感恩，感谢，所以，再喊一句，有兴趣尝试一下他们家酒的，喊我喊我！好萌的羊咩咩曾为你们服务过滴～

【酒庄自驾导航】
地址：新疆巴州和硕
曲惠乡11区-01#芳香庄园

Intoxicated in Tiansai Vineyards of Gobi Desert

天山脚下塞外庄园
戈壁芳华醉沁人心

以往，人们提起新疆与葡萄有关的旅游圣地大多会想到吐鲁番的葡萄沟，
如今随着新疆当地葡萄酒产业的发展，一些新兴的葡萄酒产区被更多人青睐。
风格迥异的酒庄建筑，生机盎然的葡萄园，不同风味的葡萄酒……
历史与风土在这里交汇，美酒与美食在这里碰撞。

说了这么多，新疆有哪些酒庄值得前往呢？
当然得是一个软硬件兼备，品牌响当当，建筑高大上，吃喝玩乐一应俱全的酒庄。
不仅自己玩的舒服，还能在朋友圈晒得出手！
在新疆库尔勒的焉耆盆地，天塞酒庄便是首选。

酒庄志 Winery Profile

天塞酒庄成立于2010年3月，是一座集葡萄种植、葡萄酒酿造、
主题旅游观光、葡萄酒文化推广等功能于一体的现代化体验式酒庄。

所在地：新疆巴音郭楞蒙古自治州库尔勒市焉耆县葡萄产业园区华葡园

酒庄建筑面积： 26668平方米

主栽品种：种植的常规品种主要有赤霞珠、美乐、西拉等，还有白葡萄品种霞多丽
和维欧尼。另外天塞还有一个科技示范园，引种的有马瑟兰、
马尔贝克、小维尔多（编者注：小维尔多，也称小味儿多）等小品种。

标志性建筑：酒庄整体呈"天鹅"造型。

酒窖：酒窖地下深6米，恒温恒湿，温度在17℃左右，湿度70%。
酒窖占地3500平方米，设有会员区、橡木桶储存区、瓶储区、
罐储区以及参观走廊。

"天鹅" 与葡园

在焉耆七个星镇的西戈壁
天塞酒庄极好辨识
其因有二
一因"天鹅"，二因葡园

许多曾造访过天塞酒庄的人都说，天塞酒庄像一只展翅的天鹅。的确如此，天塞酒庄在设计之初原本是传统欧式古堡的风格，但在天山脚下孤零零的建起一座欧式酒堡总有些违和之感，方案几经修改，酒庄建筑以巴州和静地区的天鹅为灵感，兼融入了新疆地域元素，风格也由古老酒堡变成了锐意创新的现代风格。酒庄外墙呈现鲜明的酒红色，瞭望台如同天鹅的头部；整个酒庄与其身后的霍拉山融为一体，雄壮的山体幻化成天鹅的双翼。远远望去，天塞酒庄形同一只蓄势待发的天鹅，似乎下一刻它便会直冲霄汉，翱翔天际。

天塞何处 / 因何天塞

天塞酒庄位于新疆维吾尔自治区巴音郭楞蒙古自治州库尔勒市焉耆回族自治县七个星镇的西戈壁垦区，只听这长长的名字就知道这片土地的不凡。从库尔勒市区出发，到达酒庄需要1个小时左右的车程。一路上白云蓝天，大地苍凉，当看到连片的葡萄园时，南疆酿酒葡萄重镇七个星便到了。这里三面环山，一面向湖。山是什么样的山？天山余脉霍拉山。湖是什么样的湖？最大内陆淡水湖博斯腾湖。"山海效应"让这里形成了独有的微气候，造就了一方孕育葡萄美酒的热土。

2007年，一群摄影爱好者来到这里，他们被纯净的景色所征服，更被纯净的自然环境所吸引。他们在这里萌生了一个奇特的想法——在这片纯净的土地上建设一个酒庄，像摄影一般真实地将这里的美好换一种方式展现给世人。"让消费者在品尝新疆自然之美的同时，把握精彩瞬间，演绎精彩生活，这是我们建立天塞酒庄的初衷"，他们用摄影史上最有名的镜头为酒庄命名——天塞，希望酒庄能如"天塞"般传承百年，留下传奇故事。冥冥之中，这个名字也应是属于这里——天山脚下，塞外庄园。

如今，这个建设面积超过25000平方米，拥有2000亩葡萄园，年产500吨葡萄酒的精品酒庄不负创建者们的期望，在国内外获奖无数，更被业界誉为"中国酒庄酒的标杆企业"。

除了酒庄本身的建筑外，天塞酒庄的葡萄园也是戈壁滩上的一道独特风景。到了天塞酒庄的葡萄园，你才会知道什么是真正的标准化种植。采收前的葡萄园最美，一行行葡萄树间隔着同样齐整的防风林；葡萄叶的疏密、葡萄藤的走向，适度而有序；饱满的、成熟等待采收的葡萄一串串挂在离地面几十厘米的高度，果实健康、结实，颜色蓝紫深邃，散发着成熟水果的清甜香气。清晨或黄昏时分，葡萄叶被夕阳镀上一层薄薄的金色光辉，远处是起伏的山峦，眼前是郁郁葱葱的葡园，疏影横斜，暗香浮动。

尽管焉耆盆地的土壤贫瘠、气候干旱，葡萄树依然有着健康的长势。这都得益于酒庄在建设之初的合理规划，每一寸土壤的改良，每一个葡萄品种的培育，都是经过专家、顾问们反复论证的。曾经的荒芜之地，已变成天山脚下的一片绿洲。2014年，天塞酒庄葡萄园被中国农学会葡萄分会、中国酒业协会葡萄酒分会联合授予"中国酿酒葡萄种植示范基地"的称号，其葡萄园管理的成功经验在产区内得到推广。以至于许多业内人士即便第一次到访焉耆产区，只须看到葡萄园的模样，便知道天塞酒庄到了。

天塞酒

TIANS
VINEYAR

酒庄庄主 陈立忠 ▶

在天塞，葡萄酒是一种生活方式

　　陈立忠，天塞酒庄庄主。她大学学习的法律，曾做过法官、经营过汽车服务公司。葡萄酒对她的生活产生了巨大的影响，所以她也希望让更多的人了解葡萄酒，感受葡萄酒的美好。她将天塞酒庄营造成葡萄酒生活体验的欢乐谷，让更多的人加入进来，"酒庄在建设之初便规划了配套的马术俱乐部、摄影及航空俱乐部，结合酒庄紧邻霍拉山景区的地域特色，让天塞酒庄成为一个以推广葡萄酒文化为主要内容的综合体验式酒庄"。

　　如今，随着天塞品牌具备足够的平台价值，自然会衍生出更多有价值的事情。到天塞酒庄，最值得参与的便是酒庄常年举办的各类主题活动。这里已经是众多美食美酒达人、摄影爱好者、艺术家和音乐界人士的必达之地。"天塞酒庄实行的是会员制，会员中不乏各行各业的精英翘楚，他们具有着天然的社群属性，像一些摄影展、深度游，酒庄都没有刻意的策划，大都是会员们自发组织的，在这里每个人都能找到自己的兴趣点，每个人的资源和能量也都能得到充分的释放"，庄主陈立忠认为天塞酒庄不仅要为人们提供一杯优质的葡萄酒，更要用新模式、新技术、新方法创造跨界融合，多元化地展示出葡萄酒这种最美好的生活方式。来看看他们，在天塞酒庄都遇到了什么精彩？

@沙宝亮：

　　我到过新疆，也非常非常热爱新疆，热情的人民，纯净的天山，充沛的阳光，天塞红酒让我非常地享受，第一次喝到天塞红酒，就完全被它征服了，口感清新，果味浓郁，可以让人想到新疆自然之美，值得一生回味。

@中国酒业协会副秘书长、葡萄酒分会秘书长王祖明：

　　第一次到天塞是2008年8月，当初这里是一片不毛之地，7年前，陈总在北京组织的第一次论证会，奠基，开业，第一瓶酒上市，我见证了天塞从零到现在……看到背后的付出，今天的结果是一种必然，"执著、严谨、用心、踏实"！见证了天塞的许多第一，作为协会也给予了天塞好几项第一：中国酿酒葡萄种植示范基地、中国干旱地区葡萄酿酒研究中心，这两个称号不仅是第一，到现在还是唯一，天塞从种植到酿造，给国内酒庄起到了很好的示范作用！同时，天塞是第一个通过"酒庄酒标志"审核的酒庄，天塞葡萄酒还在2017年中国酒业协会青酌奖新品TOP10评选中摘得第一名！

@财讯传媒集团总裁戴小京：

　　从来到天塞酒庄以及葡萄园就会知道，天塞获得100多枚奖项是当之无愧的，当我们看到如此壮观的葡萄园就知道，这背后一定有一个悉心管理的团队，从防风林、土壤改良到葡萄，每一个环节都体现了独具匠心、精益求精，天塞酒庄体现了匠人精神、企业家精神，100+代表着天塞所获得的荣誉，也暗示着天塞致力于做百年企业的决心。

@焉耆县县长苏晓丽：

　　走进秀美焉耆，相聚在霍拉山下、开都河畔，在天塞酒庄近距离感受焉耆葡萄酒产区的故事和文化，共同见证天塞酒庄突破一百项大奖的荣耀时刻。天塞酒庄近几年在国际国内大赛中捷报频传，一直是焉耆产区的行业领跑者。让我们一起为天塞点赞、加油！

酒庄酿酒师 莉莲·卡特（LILIAN CARTER）▶

拥抱消费者，
是天塞葡萄酒的态度

天塞酒庄的美女酿酒师莉莲·卡特（LILIAN CARTER）和陈立忠庄主一样，都是外表优雅，内心强大而坚韧的女性。莉莲来自澳洲，她父亲是葡萄种植的行家，从小耳濡目染在葡萄酒氛围中长大的莉莲先后在澳洲、中国等多个酒庄担任酿酒师，她虽然年轻但却是一位经验丰富且了解中国风土的外籍酿酒师。在她看来，天塞酒庄尊重自然风土，力求展现原料最佳风格，酿造出符合地方风土、带有地方风格特色的葡萄酒，另一方面天塞不刻意迎合消费者，但却永远拥抱消费者。"在满足大众口味需求上，我们有悦饮系列，是非常适合佐餐和畅饮的适饮型酒品。经典和精选系列，则更加体现刻画出焉耆本地原料特性和专业化的技术水平。而珍藏是坚持我们的酿酒哲学，只有完全符合出品要求的原料，才能进入珍藏系列——这是一种境界的追求，如果原料达不到要求，我们宁可当年不出产这个系列的酒品"。原料不达标，便不生产当年份某一系列的产品，这对于许多世界名庄来说都无疑是一个艰难的决定，往往多是面临天灾绝收时的无奈之举，这份承诺是天塞对产品品质的坚守，也让天塞珍藏系列显得弥足珍贵。

自2012年酿酒至今，短短几年间，天塞酒庄就已经包揽了国内外百余项大奖，从2014年英国伦敦品醇客大赛铜奖到2015年布鲁塞尔国际葡萄酒大赛金奖，再到2017年世界霞多丽大赛银奖。天塞葡萄酒，惊艳全世界！

天塞，是一个实现梦想的地方

提起天塞酒庄，必须要介绍一位幕后的智囊人物——李德美教授。国际知名杂志 *THE DRINKS BUSINESS* 于2013年评选出了全球十大最具影响力的葡萄酒顾问，他是唯一的一张亚洲面孔。从2010年起，李德美教授开始担任新疆天塞酒庄的葡萄酒顾问，在天塞酒庄的发展过程中居功至伟。

李德美教授曾说，"天塞是一个实现梦想的地方"，这是对天塞"葡萄酒+"品牌建设战略的最好诠释。他认为，天塞是一个新产区里的新酒庄，同时处于一个非常偏远的地理位置，如果只是宣传自己的葡萄酒，会略显单薄，很难产生大的影响力和吸引力。基于葡萄酒，然后整合"+"，比如天塞的摄影俱乐部，大美新疆风光吸引更多的爱好摄影又喜欢葡萄酒的人群，这样天塞的"+"既满足了大家摄影的要求，也实现了对葡萄酒的推广；此外，马术俱乐部、飞行俱乐部、天塞美酒与当地美食的结合也都是天塞葡萄酒"+"的组成。

看到这里，您可能会有疑问，这么大的投入，这么强大的团队，那葡萄酒一定很贵吧？那行业大咖李德美教授的这番话一定能让你安心，"天塞的产品是放心的，是物超所值的，天塞产品的定价在市场上是可以让很多人轻松购买的"。

天塞酒庄
TIANSAI
VINEYARDS

天山脚下
度假天堂

天山脚下，远离喧嚣，放空心灵之时，也要让饮食更加干净、健康。既然说到了吃，作为一个过来人，天塞酒庄的美食攻略可要好好分享给大家。

在天塞酒庄，不仅葡萄酒是有机的，连大家吃到的蔬菜瓜果都是酒庄有机大棚自产的。啥？你要吃西餐，西餐配葡萄酒最正统？没问题，有！天塞酒庄有专业的西餐厨师团队，各式西餐以及甜点，给你最正宗的西式餐酒搭配。啥？西餐吃不惯，中餐最熟悉？没问题，有！中餐大厨们已经磨刀霍霍了，煎炒烹炸煮、熬炖溜烧汆，样样精通。啥？当地酒要用当地菜搭配？那您是找对地儿了，天塞酒庄的厨师团队可是跟最牛的维吾尔族餐厅厨师长过过招的！新疆当地美食首推烤羊肉、手抓饭、拌面了，其他耳熟能详的还有大盘鸡、椒麻鸡、馕坑肉、烤包子、博湖鱼……

说了这么多，笔者也在此介绍几道能与天塞葡萄酒完美契合的当地特色菜，让您从容点菜配酒，深藏功与名！

/菜酒搭配/

红柳枝烤羊肉 其作为南疆地区的特色美食，出现在《舌尖上的中国》第二季中。用红柳的树枝削成木签来烤羊肉串，除了羊肉本身的香味之外了几分红柳的树香。相比传统羊肉串，红柳烤肉肉块更大，肉香更浓郁，肥肉香酥，瘦肉劲道。红柳枝烤羊肉搭配天塞酒庄经典西拉干红更为恰当，红柳烤肉大多肥瘦相间，经典西拉果香浓郁富有变化，中等酒体入口不夺肉香，亦不会觉得乏味，相得益彰。

大盘鸡 这又是一道新疆名菜，主要用料为鸡块、土豆块、辣椒、洋葱等，可加入皮带面烹饪或是做拉条子的拌菜。这是一道辣中有香的菜品，炖煮之后的鸡肉嫩滑麻辣，土豆软糯甜润。由于鸡肉、土豆充分吸收了汤汁，

口感辛辣，正好可以颠覆以往鸡肉搭配白葡萄酒的铁律，推荐用一款天塞酒庄精选赤霞珠干红葡萄酒（黑标）来搭配，这款酒香气复杂、迷人，有明显的烟熏、咖啡、香草气息，强劲的口感，紧实的单宁。菜与酒的口感针锋相对，又互为补充，简直完美！

博斯腾湖全鱼宴 博斯腾湖是中国最大的内陆淡水吞吐湖，也是新疆最大的渔业生产基地，博湖盛产草鱼、青鱼、鲫鱼、黑鱼，其中最著名的当属池沼公鱼和俗称五道黑的赤鲈。博斯腾湖鱼的做法也各有千秋，清蒸、红烧、熬汤、油炸……纵然全鱼宴千滋百味，一瓶天塞霞多丽干白足矣。

除了多样菜式，天塞酒庄内的就餐环境那更没得说，大到百人级大型会议或旅行团队，小到家宴聚会，想撸串户外有烧烤区，西餐厅的精致典雅也能满足你们的"小确幸"，可谓是亦动亦静，能文能武！据说大厨团队们还正在尝试、开发有特色的菜品，寻找葡萄酒与美食更加完美的结合！

吃饱喝足后，天塞酒庄还有安逸舒适的住宿环境，天塞酒庄内共有16间客房，能够同时容纳40人左右的入住。多以套房为主，适合家庭出游。夏天来度假时，推开窗户，满目皆是翠绿的葡萄园！唯一的一间豪华套房，没有繁复的装饰，而是有精挑

细选的家具与画作，颇有品质感。在酒庄的休闲区可以阅读葡萄酒期刊杂志，享用现磨咖啡、花式调酒，室内模拟高尔夫、电影院、KTV、茶室、棋牌室等一应俱全。走出酒庄，亲近自然；走进酒庄，如同归家，天塞酒庄确实是天山脚下的一个欢乐谷。

在天塞酒庄内随处可见新疆民族特色的元素。在地下酒窖的参观通道两侧墙壁上有景德镇大师创作的瓷板画，而其中最大的一幅是《叼羊图》，描绘了新疆塔吉克族人民常在婚礼和节日期间才会举行的一项竞技活动。天塞酒庄设计较为简约，并没有过多的装饰，除了民族气息浓郁的艺术品外，最多的就是精挑细选的书画和摄影作品了。

如果你是摄影爱好者，一定要在天塞酒庄找到组织。前面提到天塞酒庄得名于经典的摄影镜头，天塞的创立团队更都是实打实的摄影发烧友。天塞酒庄设有摄影俱乐部，而且欢迎世界各地的摄影发烧友加入，他们定期组织各类活动。2015年，天塞酒庄还曾举办了一场规模盛大的摄影展，展出了数十位中国优秀摄影家的近百幅刻画大美新疆的作品。如今，在天塞酒庄内的走廊里，还展出着许多摄影师的经典作品，而这些照片的主题无一例外都是新疆的风光景色。执杯葡萄酒，踱步酒庄内，轻嗅天塞美酒之芬芳，遍览新疆风光之旖旎……酒不醉人人自醉，想必便是此种美妙的体验吧！

以天塞为圆心
风景美如画。

2016年，天塞酒庄推出了"大美新疆，醉美天塞"三条精品旅游线路，
以天塞酒庄为圆心，连接起新疆诸多人文景点和自然风光。
中国最大的内陆淡水湖博斯腾湖，神秘罗布泊人最后的栖居地罗布人村寨，
有九曲十八弯胜景的巴音布鲁克大草原，
号称"中国小瑞士"的巩乃斯森林公园，"塞外小江南"之称的伊犁，
新疆口岸之首霍尔果斯，"大西洋最后一滴眼泪"赛里木湖，
"天山明珠"天池……冰川雪岭，湖泊溪流，
高原山水，沙漠戈壁，每一处都是有生之年必去之地。

线路一：深度体验中国年度最佳酒庄

旅游起止地点：天塞酒庄—博斯腾湖—罗布人村寨—库车—巴音布鲁克草原—巩乃斯森林公园。

线路二：大美新疆醉美天塞摄影之旅

旅游起止地点：天塞酒庄—罗布人村寨—巩乃斯森林公园—巴音布鲁克—伊宁—博乐—天池。

线路三：新疆自然风光探险之旅

旅游起止地点：天塞酒庄—罗布人村寨—博斯腾湖—南山沙漠—开都河大峡谷—高山草原。
北京、上海、武汉三地出团，各地出行人员可在此三地报名，按照出行时间抵达库尔勒即可，三条线路10人以上即可成团。

北京联系人：武小文　13621385883

上海联系人：夏玉芳　13999601986

武汉联系人：李小平　13971038899

/出行提示/

　　非新疆的朋友可先抵达库尔勒市区再前往天塞酒庄，汽车、火车、飞机均可抵达库尔勒，从新疆乌鲁木齐前往库尔勒的车次、航班较多。酒庄所在的七个星镇距离库尔勒50多千米，建议出行前规划好交通，约车前往。

自驾导航：天塞酒庄（新疆巴音郭楞蒙古自治州焉耆回族自治县）

自驾线路：从库尔勒市区出发，从G218进入吐和高速，行驶18.6公里至紫泥泉立交桥下高速进入伊若线，行驶21.7千米。当看到"霍拉山风景区"的石碑，拐入向西行驶3千米便抵达天塞酒庄了。

中菲酒庄
Château Zhongfei:Best Wine Follows Nature
道法自然得佳酿

酒庄志 Winery Profile

创立时间：2010年
所在地：新疆巴音郭楞蒙古自治州焉耆回族自治县
当年投资：2亿元
酒庄面积：5万平方米
葡萄园面积：1万亩
主栽品种：赤霞珠、西拉、马瑟兰、美乐、霞多丽、品丽珠
标志性建筑：在建酒庄

南有蓼木，葛藟累之；乐只君子，福履绥之。

——《诗经·周南·蓼木》

　　据说，这是中国关于葡萄最早的文字记载，可见中国也是葡萄的起源中心之一，原产于我国的葡萄属植物约有30多种(包括变种)。中国最早的葡萄酒业则开始于汉代，张骞出使西域后，将栽培葡萄从西域引入中原，先经甘肃河西走廊至陕西西安，其后传至华北、东北及其他地区。这才得以有唐代"葡萄美酒夜光杯，欲饮琵琶马上催"的千古佳句。现在，焉耆盆地又重现了往日西域葡萄酒的光辉，万亩酿酒葡萄郁郁葱葱，酒庄酒堡各领风骚。在这里，有一家酒庄怀着善待自然的崇高理念，在人类从未开垦过的广袤戈壁滩上，种植葡萄、酿造美酒。"菲"者，草木欣盛、香气浓郁之意。中菲酒庄，它的名字，饱含志向——酿造中国的芳醇佳酿；它的故事，且听道来！

石头、雪水、羊粪

　　石头、雪水和羊粪，这是中菲酒庄创建过程中不可或缺的三件事物，它们在这里见证日升日落，见证星移斗转，见证不毛之地变化成万亩葡园；见证了中菲酒庄如何善待自然，也见证了中菲酒庄得到自然怎样善意的回馈……

　　2009年之前，中菲酒庄位于焉耆盆地的万亩葡萄园还是一片飞沙走石、满目荒芜的不毛之地。如果要种出好葡萄，就要把这片土地里的石头拣出，再覆上一层适宜葡萄生长的土壤。许多人劝老庄主纪昌锋放弃，因为改良这片土地难度实在太大。每每想起那段时光，纪昌锋总说要感谢妻子的支持和鼓励，"在她看来，无论多苦多难，世上没有做不成的事"。或许正是老庄主夫妇二人朴素、乐观的人生态度，才得以让中菲酒庄诞生。他们不辞辛劳，亲自下地，与工人们一起，寒来暑往，将一块块石头拾捡出来，又从附近的山里移土，盖上了七十厘米的厚土。现在如果你去中菲酒庄的葡萄园，一定能看到一座白石山，猜猜这山从哪来？没错，就是当年开垦这片荒原时拣出的石头堆积而成，足足有3000吨之多。

葡萄苗种下了，新问题又出现了。焉耆地处南疆腹地，气候干旱少雨，年均降水量还不足100毫米，灌溉成了大问题。不过好在葡萄园地处天山支脉霍拉山脚下，天然的冰雪融水是最佳的水源。为了保证葡萄的健康生长，并有效利用珍稀的水资源，中菲酒庄开凿了14口地下井，在已经开发的葡萄园中铺设了总长度超过600千米的滴灌管道，这个距离甚至超过了北京地铁的运营里程。用最节水的滴灌方式对葡萄园进行灌溉，用水不忘节水，珍惜每一份资源，是中菲酒庄善待自然最好诠释。

水是生命之源。当天山雪水滴灌着中菲葡萄园，葡萄长势正好之时，也吸引着野生动物前来。由于葡萄园面积广阔，野生兔子大量频繁出现。最初，这些可怜的小家伙们常被工人们抓来食用。老庄主纪昌锋知道后，立刻下规定杜绝了这种情况，并对工人们进行了教育。在老庄主的眼里，兔子的减少，会影响食物链的上游狐狸的生存，作为完整生物链中的一环，野兔、野狐狸的生存状态将会对周遭环境产生影响。从此以后，中菲酒庄的葡萄园成为野兔们的伊甸园，它们不再害怕葡园工人。远远地，又近一点，小心试探，似乎在向大家示好。

广袤的焉耆盆地是一片净土，有些地方千万年来都无人耕作，土壤十分贫瘠。为了让葡萄苗更好地存活下来，中菲酒庄第一年便在葡萄园里播撒了10000立方米的有机羊粪，之后每年中菲酒庄在购买天然羊粪方面的支出就高达200万元。你可能会说，中菲酒庄"壕"得任性；但在我看来，中菲酒庄是为了"好"而任性——为了葡萄苗"好好"成长，为了收获"好"的果实，为了酿出"好"的葡萄酒。

善待自然，终将被自然善待。移石成山、铺设600千米滴灌管道、掷千金买羊粪……中菲酒庄耗费物力心

力建造的10000亩葡萄园，犹如蓬勃生命力的春天，曾经寸草不生的戈壁滩上开始长满盈盈绿色，葡萄藤也结出累累硕果。到了中菲酒庄，我们一定要去葡萄园看一看，那绝不是"人定胜天"的景色，而是人与自然和谐共生的典范。如今，老庄主纪昌锋品尝着属于自己的葡萄酒，回忆起建庄时的往事，时常感叹，"葡萄酒不但改变了我的事业版图，也改变了脚下这片沙石遍布、草木难生的戈壁滩的命运"。

这份壮举也让每一个了解中菲酒庄的人赞叹不已。

"我去过世界的每一个葡萄酒产区，我一直认为，在戈壁上最不可能种葡萄的。但现在中国人把不可能变成了可能，这是一个了不起的现实。"——《葡萄酒圣经》作者KAREN MACNEIL

@墨墨：中菲酒庄之行让我结识了许多新朋友，我们相约乘坐同一个航班，浅酌同一桶美酒，分食同一个大馕。我们围着同一堆篝火跳舞，我们搭载同一艘画船游过博斯腾湖畔的芦苇荡和睡莲池，我们踏着同一座桥越过塔里木河，我们手牵着手穿过罗布人的村落，在塔克拉玛干沙漠的唇畔滑沙、骑骆驼。在美丽的南疆，我们释放天籁，我们遇见自我。

"世界上有很多产区都有自己的个性化产品，比如说起西拉，人们会想到澳大利亚，说到长相思，人们会想到新西兰，还有勃艮第的黑比诺。而我的梦想就是，在中国说起一个品种，人们会自然而然的想起一个产区。我希望焉耆产区能够尽快酿出自己的个性产品，我希望中菲酒庄能够成为其中的一个。"——时任中国酒业协会副秘书长、中国酒业协会葡萄酒分会兼果露酒分会秘书长王祖明

善待自然，无处不在

或许是葡萄园消耗了老庄主太多的心力，中菲酒庄主体的建设姗姗来迟，但这丝毫不会影响中菲酒庄的魅力。酒庄，从来都不是徒有其表，但中菲酒庄的"颜值"亦不输于他人。酒庄由全球知名酒庄建筑设计机构——意大利阿克雅(ARCHEA)设计，主体建筑结合了新疆焉耆当地的自然和人文特点，又融入了国际化审美设计，是一座东西方文化并存的美丽酒庄。

一个长方体与七个圆形立体镂空式结构组成酒庄建筑主体，暗藏着"天人合一""天圆地方"的古老东方智慧。大家猜一下，"七个圆"的立体镂空式结构意味着什么。Bingo，那是代表酒庄所处地理位置——新疆巴州焉耆县"七个星镇"，也代表着天上的北斗七星。古代农业社会很重视北斗七星，常用它们来辨别方向和季节，葡萄酒作为农业产品，将如此朴素的理念运用到建筑设计中也不难理解。同时，七个圆中覆盖着葡萄树、草坪，酒庄的文化中心、餐厅、休闲场所都藏在地下，不仅做到了防御风沙，还能保湿节能，每一处细节都彰显着中菲酒庄"善待自然"的品牌价值观。

中菲酒庄的主体建筑集葡萄酒生产、办公、文化中心、休闲等功能于一体，总建筑面积约50000平方米，地下恒温酒窖达10000平方米，葡萄种植、采收、发酵、陈酿及装瓶等所有生产环节均在酒庄内完成。老庄主纪昌锋认为，酒庄就是要将全透明的生产过程展现给消费者，"人们不仅能在这购买到放心产品，还能享受集视觉、嗅觉、味觉为一体多维度的美酒体验"。

走进酿酒工厂，干净清爽的厂房内发酵罐鳞次栉比。相比起传统密闭的发酵容器，在中菲酒庄还能看到敞口式的发酵罐，这种发酵容易快速散发不好的物质，保留果香，主要是用来酿造西拉、马瑟兰这两款酒庄的代表性品种。这种发酵罐是中菲酒庄自主研发的，目前已获得"发酵罐实用新型"国家专利。如果说采用敞口式发酵罐是中菲酒庄的创意之举，那应用5吨的橡木桶发酵罐便是在向经典致敬了。橡木桶用作发酵容器，长久以来被人们认为是一种传统，最早可追溯到公元3世纪。橡木桶发酵可以让葡萄酒质地更柔和，香气更深沉。

车间里的另一侧是起泡酒的发酵设备，由于起泡酒的酿造有别于普通的葡萄酒，设备、工艺要求也更为复杂。2015年底，中菲酒庄发布了国内首款起泡红葡萄酒，运用的是一个国内并不太常见的葡萄品种——品丽珠。这当然要感谢老庄主的慧眼，在葡萄园规划之初便种植了西拉、马瑟兰、品丽珠等小众品种，使得中菲酒庄的葡萄酒在同质化严重的市场中脱颖而出，掀起了一场"品种革命"，也改变了世界对中国葡萄酒的看法。

"双子星"
为品质保驾护航

说起中菲酒庄的"双子星",行业内可是无人不知无人不晓。一位是酒庄顾问李德美,另一位是首席酿酒师张炎,他们二人的默契配合,带领着技术团队造就了中菲葡萄酒超高品质。近几年,中菲葡萄酒在国内外顶级赛事上大放异彩,屡获殊荣,累计100余项大奖。其中包括世界最具影响力的葡萄酒赛事"英国品醇客世界葡萄酒大赛"2银4铜、被誉为"酒届奥斯卡"的"比利时布鲁塞尔国际葡萄酒大赛"2金5银,酒庄10款酒入围《贝丹德梭葡萄酒年鉴》(中文版),2017年入选贝丹德梭"十大最佳酒庄",成为首批进入卢浮宫参展的中国酒庄,令中国葡萄酒在国际上得到广泛认可。

"专业的事,让专业的人来做",这是老庄主纪昌锋选贤任能的基本标准。酒庄初建时,老庄主觉得自己一个人难以规划好酒庄未来的发展,便想邀请权威专家为酒庄指点迷津。那时,李德美教授正巧担任着焉耆产区葡萄酒产业顾问,他广博的学识和严谨的态度得到了老庄主的信任。老庄主求贤若渴,三顾茅庐,几次到北京与李教授请教、交流,老庄主的诚意和执着也打动了李德美,方才"出山",参与到酒庄建设与规划的工作中,为酒庄长远发展奠定基础。

中菲酒庄首席酿酒师张炎,国家一级品酒师。作为"疆二代",十分了解新疆的人文风土,加之他本来就在新疆涉足过葡萄酒行业,是拥有30年酿酒经验的国家级葡萄酒评委。曾被葡萄酒专业媒体誉为"金牌酿酒师""2015年度最佳酿酒师"。对于自己酿造的葡萄酒连连获奖,张炎表现得坦然、淡定,"葡萄酒每年质量都有提升,这跟葡萄园的种植管理是分不开的,我们对这里的气候条件的把握也越来越有经验,酒的表现渐佳"。时间啊时间,你快些吧!未来中菲葡萄酒是什么模样,就需要每一位看官去亲身体验了!

目前,中菲酒庄旗下葡萄酒实现了多元化的酒品细分市场,总共4个系列13个品类的葡萄酒款。包括善待自然系列、酒庄系列、橡木桶陈酿系列和珍藏系列,分别针对热衷环保人士、爱好果香即饮的大众人群、口感丰富的葡萄酒爱好者以及注重风土特色的葡萄酒收藏者。价格方面也是非常亲民,100～600元之间,许多普通人都能轻松消费得起,在新疆、河南、河北、北京、山东、四川等全国其他省市区的市场都能找到中菲酒庄的产品。

在这里，我们也来剧透一下中菲酒庄最值得品鉴的几款葡萄酒，以便小伙伴们省去纠结的时间，直奔主题。

中菲酒庄橡木桶陈酿马瑟兰干红

中菲酒庄目前是国内马瑟兰葡萄种植面积最大的酒庄，在品质方面当然有发言权，中菲酒庄的马瑟兰2014、2015两个年份非常优秀，2014年份曾获比利时布鲁塞尔大奖赛的银奖，2015年份则获得了2017品醇客亚洲大赛嘉许奖。

马瑟兰葡萄酒的色调通常是亮眼的紫色调，色泽深邃，果香浓郁，具有黑色浆果、荔枝和果酱的香气，单宁细致，口感平衡，结构感强，建议15～17℃饮用，搭配烧炖牛羊肉最好。南疆的牛羊肉自然是不缺的，烤羊肉串、烤馕坑肉、手抓羊肉、腊牛羊肉、酱牛羊肉、煮牛羊肉等等，都是绝佳搭配。

中菲酒庄橡木桶陈酿赤霞珠干红

赤霞珠是世界上最常见的酿酒葡萄品种了，但想把这么一个常见的品种酿出特色来却不容易，不过中菲酒庄却做到了。欧洲最有影响力的酒评家米歇尔·贝丹曾如此评价这款酒的2013年份，"具有强烈而又浓郁的植物芳香，典型的新世界葡萄酒风格，橡木香与酒体完美融合，散发着树木、香草的雅致气息，口感光滑、柔软，酒体又很醇厚，平衡中饱含适中酸度，单宁柔顺，收尾悠长持久"。

哇，大师的点评就是不一样，让人口水直流。这样一款硬派风格的新世界酒款，搭配新疆偏辣的美食一定对胃口，大盘鸡、酸辣口味的牛羊肉尽管招呼上来！

中菲酒庄橡木桶陈酿西拉干红

众所周知，西拉是澳洲的代表品种，而焉耆盆地也是西拉这个品种绝佳的种植地。果香浓郁，黑莓等黑色水果香气，而且还有胡椒的辛辣气息，这是西拉品种特有的香气，更兼有少许香草气息，口感上，单宁柔软，中等酒体，有干净的回味哟！

有特色的酒当然需要有特色的美食搭配咯！拿一只肥滑香软的胡辣羊蹄张嘴那么一咬，那烫嘴辣就先传导到你的味觉神经，当你忍不住张嘴吸一口气时，羊蹄子的香片刻就占据了你的整个口腔，闭上嘴巴用舌头翻转一下嘴里的羊蹄肉，鲜、香、辣、美的滋味直冲心肺，活脱能把你捧上享受和逍遥的云端。如果来焉耆的话，夜市和晚上的街头巷尾都有卖，到那时您可尽情选择和品尝正宗的胡辣羊蹄子。

霍拉山风景如诗美如画

中菲酒庄是焉耆七个星镇距离霍拉山最近的一个酒庄。霍拉山里的小村庄，多年来深受贫困之苦。2016年初，老庄主纪昌锋被新疆焉耆县七个星镇人民政府委任"霍拉山村村委副书记"。他没有辜负众望，以土地流转的方式，从村民手中把闲置土地流转出来，再聘用他们对这些土地进行耕种，土豆、洋葱、茴香等作物遍布四野，带领着霍拉山村百姓共同致富。

夏季，霍拉山村里水流潺潺，耕地里种植着各种作物，绿色的树木夹着沥青路延伸向远方，若不是远处嶙峋高耸的霍拉山，来这里的人都会误以为这里是江南水乡的小村落。夏季是霍拉山景区里远足的好季节，草高羊肥，满眼绿意都会让你神清气爽。骑马、摄影，随你；露营、探险，随你；篝火，跳舞，都随你！

/出行提示/

　　非新疆的朋友可先抵达库尔勒再前往中菲酒庄，汽车、火车、飞机均可抵达库尔勒，从新疆乌鲁木齐前往库尔勒的车次、航班较多。酒庄所在的七个星镇距离库尔勒50多千米，建议出行前规划好交通，约车前往。

自驾导航：中菲酒庄（新疆巴音郭楞蒙古自治州焉耆回族自治县）

自驾线路：从库尔勒市区出发，从G218进入吐和高速，
　　　　　　　行驶18.6千米至紫泥泉立交桥下高速进入伊若线，行驶21.7千米。
　　　　　　　当看到"霍拉山风景区"的石碑，拐入向西行驶8.2千米，便抵达中菲酒庄。

住宿情况：中菲酒庄目前没有住宿条件，请酌情选择在库尔勒市、焉耆县选择宾馆。

图书在版编目（CIP）数据

中国精品酒庄游 / 孙志军主编. —北京：中国轻工业出版社,2018.12

ISBN 978-7-5184-2069-8

Ⅰ.①中… Ⅱ.①孙… Ⅲ.①葡萄酒-酒文化-中国 Ⅳ.①TS971.22

中国版本图书馆CIP数据核字(2018)第180307号

策划编辑：江 娟　　　　　责任终审：张乃东　　封面设计：锋尚设计
责任编辑：江 娟　靳雅帅　　版式设计：王 娜　　责任监印：张 可

出版发行：中国轻工业出版社（北京东长安街6号，邮编：100740）
印　　刷：北京富诚彩色印刷有限公司
经　　销：各地新华书店
版　　次：2018年12月第1版第1次印刷
开　　本：889×1194　1/16　印张：17
字　　数：261千字
书　　号：ISBN 978-7-5184-2069-8　　　　　　定价：98.00元

邮购电话：010-65241695
发行电话：010-85119835　传真：85113293
网　　址：http://www.chlip.com.cn
Email:club@chlip.com.cn
如发现图书残缺请与我社邮购联系调换
180408S4X101ZBW